できる ポケット

アクセス
# Access
## クエリ+レポート

### 基本 & 活用
マスターブック

**2019**/2016/2013 & Microsoft **365** 対応

国本温子・きたみあきこ & できるシリーズ編集部

インプレス

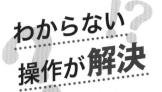

# できるネット 解説動画

## 操作を見て すぐに理解

一部のワザで解説している操作を動画で確認できます。画面の動きがそのまま見られるので、より理解が深まります。動画を見るには紙面のQRコードをスマートフォンで読み取るか、以下のURLから表示できます。

**本書籍の動画一覧ページ**
https://dekiru.net/query2019p

スマホで見る！

**Q020** 超役立ち度 ★★★

## セル内の氏名から姓だけを取り出したい

Keyword▶ **フラッシュフィル**　　365/2019/2016/2013

**A** [フラッシュフィル]を使います

[フラッシュフィル]を使用すると、先頭のセルに入力したデータの規則性に基づいて以降のセルにデータを自動入力できます。空白で区切られた氏名から姓と名を取り出したい」というようなときに便利です。

[スタッフ名]列から姓を取り出す

**1** 姓を入力

**2** フィルハンドルにマウスポインターを合わせる

マウスポインターの形が変わった

**3** ここまでドラッグ

**4** [オートフィルオプション]をクリック

**5** [フラッシュフィル]をクリック

姓だけを取り出した

同様に[スタッフ名]列から名を取り出せる

第1章 基本機能と入力の快速技

▶ 操作を動画でチェック！

42 | できる

# 本書の読み方

## レッスン

見開き完結を基本に、やりたいことを簡潔に解説しています。
各レッスンには、操作の目的を記すレッスンタイトルと機能名で引けるサブタイトルが付いているので、すぐ調べられます。

## 練習用ファイル

手順をすぐに試せる練習用
ファイルをレッスンごとに用
意しています。

左ページのつめでは、章タイトルでページを探せます。

## 解説

操作の要点やレッスンの概要を解説します。解説を読むだけでレッスンの目的と内容が分かります。

## 図解

練習ファイルの「Before」
（操作前）と「After」（操作後）の画面です。レッスンで学ぶ操作や機能の概要がひと目で分かります。

---

レッスン
**14**

# 入力した値に対応する
# データを表示させるには
オートルックアップクエリ

📁 練習用ファイル オートルックアップクエリ.accdb

第2章 クエリの基本と操作を覚える

### コードに対応するデータをすぐに参照できる

クエリでは、複数のテーブルを組み合わせて参照用の表を作成するだけでなく、入力用の表も作成できます。オートルックアップクエリは、多側テーブルの結合フィールドと対応する一側テーブルのフィールドから、データが自動参照されます。データを自動参照させることで、内容を確認しながら入力ができるため、入力ミスを防ぐことができます。オートルックアップクエリのポイントとしてデータを入力するのは多側テーブル、参照用に表示するのは一側テーブルであることをしっかり理解しておきましょう。

**Before**

**After**

多側テーブルのデータを入力すると、対応する一側テーブルのデータが自動的に表示される

54 できる

---

必要な手順を、すべての
画面と操作を掲載して解説

**手順見出し**

おおまかな操作の流れが理解できます。

## 1 新規クエリを作成する

練習用ファイルを
開いておく

レッスン7を参考に、新規クエリを作成して
[テーブルの表示]ダイアログボックスを表示しておく

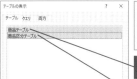

テーブルの表示
テーブル クエリ 両方
商品テーブル
商品区分テーブル

ここでは、リレーションシップの
多側（入力用）テーブルである
テーブル]と、一側（参照用）テーブ
ルである[商品区分テー
つのテーブルを追加する

**1** [商品テーブル] を
クリック

**解説**

操作の前提や意味、操作結果に関して解説しています。

**操作説明**

「○○をクリック」など、それぞれの手順での実際の操作です。番号順に操作してください。

---

 **このレッスンは
動画で見られます**　　操作を動画でチェック！▶▶▶
⊕詳しくは2ページへ

**動画で見る**

レッスンで解説している操作を動画で見られます。詳しくは2ページを参照してください。

### ♡ Hint!
**「オートルックアップクエリ」とは**

オートルックアップクエリとは、一対多の関係にある2つのテーブルを元に作成するクエリにおいて、多側テーブルの結合フィールドにデータを入力すると、対応する一側テーブルのデータが自動表示されるクエリです。一側テーブルのデータを参照しながら、多側テーブルにデータを入力するためのクエリとして使用されます

**14**

オートルックアップクエリ

右ページのつめでは、知りたい機能でページを探せます。

## 1 新規クエリを作成する

練習用ファイルを
開いておく

レッスン7を参考に、新規クエリを作成して [テーブルの表示]ダイアログボックスを表示しておく

テーブルの表示
テーブル クエリ 両方
商品テーブル
商品区分テーブル

ここでは、リレーションシップの
多側（入力用）テーブルである[商品テーブル]と、一側（参照用）テーブルである[商品区分テーブル]の2つのテーブルを追加する

**1** [商品テーブル] を
クリック

**2** Ctrlキーを押しながら [商品区分]テ ブルをクリック

**3** [追加]をクリック

追加(A)　閉じる(C)

**Hint!**

レッスンに関連したさまざまな機能や一歩進んだテクニックを紹介しています。

### ⚠ 間違った場合は?
追加するテーブルを間違えた場合は、
削除したいテーブルのフィールドリストをクリックして選択し、Deleteキーを押します。

**間違った場合は?**

間違った操作の対処法を解説しています。

※ここに掲載している紙面はイメージです。実際のレッスンページとは異なります。

次のページに続く

# 目次

## 練習用ファイルについて

本書で使用する練習用ファイルは、弊社Webサイトからダウンロードできます。
練習用ファイルと書籍を併用することで、より理解が深まります。

### ▼練習用ファイルのダウンロードページ

**https://book.impress.co.jp/books/1120101142**

## ●本書に掲載されている情報について

・本書で紹介する操作はすべて、2020年10月現在の情報です。

・本書では、「Windows 10」に「Access 2019」がインストールされているパソコンで、インターネットに常時接続されている環境を前提に画面を再現しています。他のバージョンのAccessの場合は、お使いの環境と画面解像度が異なることもありますが、基本的に同じ要領で進めることができます。

・本書は2020年10月発刊の「できるAccessクエリ&レポート データの抽出・集計・加工に役立つ本 2019/2016/2013&Microsoft 365対応」の一部を再編集し構成しています。重複する内容があることを、あらかじめご了承ください。

第 1 章

# Accessで使うクエリの
# 基本を確認する

データベースに蓄積したデータを自在に
操作するには、クエリの習得が不可欠で
す。ここでは、クエリを使いこなすため
の第1歩として、クエリに関する基礎知
識を身に付けましょう。そもそもクエリ
とは何なのか、クエリを使うとどんなこ
とができるのか、ビューの種類やリレー
ションシップの概要、クエリで使用する
関数について紹介します。

# クエリでできることを確認しよう

## クエリの活用例

## 目的に合わせてクエリを使い分けよう

クエリには、「選択クエリ」「アクションクエリ」「クロス集計クエリ」「ユニオンクエリ」など、複数の種類があります。選択クエリを使うと、表示するフィールドや抽出の条件を指定して、テーブルから必要なデータだけを取り出せます。アクションクエリを使うと、テーブルに対してデータの追加、更新、削除などの操作を実行できるほか、テーブルのデータを取り出して新しいテーブルを作成するなどの一括処理を行えます。また、クロス集計クエリでデータを二次元集計したり、ユニオンクエリで複数のテーブルのフィールドを1つのフィールドに結合して表示したりするなど、クエリにはさまざまな機能が用意されています。それぞれのクエリの特徴を理解し、目的に応じて使い分けましょう。

●テーブルにはクエリの大元となるデータが蓄積されている

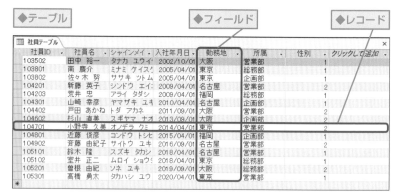

◆テーブル　　　　◆フィールド　　　　◆レコード

| 社員ID | 社員名 | シャインメイ | 入社年月日 | 勤務地 | 所属 | 性別 | クリックして追加 |
|---|---|---|---|---|---|---|---|
| 103502 | 田中 裕一 | タナカ ユウイ | 2002/10/01 | 大阪 | 営業部 | 1 | |
| 103801 | 南 慶介 | ミナミ ケイス | 2005/04/01 | 東京 | 総務部 | 1 | |
| 103802 | 佐々木 努 | ササキ ツトム | 2005/04/01 | 東京 | 企画部 | 1 | |
| 104201 | 新藤 英子 | シンドウ エイ | 2009/04/01 | 名古屋 | 営業部 | 2 | |
| 104203 | 荒井 忠 | アライ タダシ | 2009/04/01 | 福岡 | 総務部 | 1 | |
| 104301 | 山崎 幸彦 | ヤマザキ ユキ | 2010/04/01 | 名古屋 | 企画部 | 1 | |
| 104402 | 戸田 あかね | トダ アカネ | 2011/09/01 | 大阪 | 営業部 | 2 | |
| 104602 | 杉山 直美 | スギヤマ ナオ | 2013/09/01 | 大阪 | 企画部 | 2 | |
| 104701 | 小野寺 久美 | オノデラ クミ | 2014/04/01 | 東京 | 営業部 | 2 | |
| 104801 | 近藤 俊彦 | コンドウ トシヒ | 2015/04/01 | 福岡 | 企画部 | 1 | |
| 104902 | 斉藤 由紀子 | サイトウ ユキ | 2016/09/01 | 名古屋 | 営業部 | 2 | |
| 105101 | 鈴木 隆 | スズキ タカシ | 2018/04/01 | 名古屋 | 営業部 | 1 | |
| 105102 | 室井 正二 | ムロイ ショウ | 2018/04/01 | 東京 | 総務部 | 1 | |
| 105201 | 曽根 由紀 | ソネ ユキ | 2019/09/01 | 大阪 | 総務部 | 2 | |
| 105301 | 髙橋 勇太 | タカハシ ユウ | 2020/04/01 | 東京 | 営業部 | 1 | |

●選択クエリで必要なデータを表示できる

◆選択クエリ
設定した条件によってデータを抽出できる

●テーブル

| 社員ID | 社員名 | 入社年月日 | 所属 | 性別 |
|--------|--------|-----------|------|------|
| 103502 | 田中　裕一 | 2002/10/01 | 営業部 | 男 |
| 103801 | 南　慶介 | 2005/04/01 | 総務部 | 男 |
| 103802 | 佐々木　努 | 2005/04/01 | 企画部 | 男 |
| 104201 | 新藤　英子 | 2009/04/01 | 営業部 | 女 |

[社員]テーブルの[性別]フィールドが「男」のレコードを抽出し、[社員ID][社員名][所属]フィールドを表示する

●クエリの実行結果

| 社員ID | 社員名 | 所属 |
|--------|--------|------|
| 103502 | 田中　裕一 | 営業部 |
| 103801 | 南　慶介 | 総務部 |
| 103802 | 佐々木　努 | 企画部 |

●アクションクエリでテーブルに一括処理ができる

◆アクションクエリ
データの更新、追加、削除や新しいテーブルの
作成などテーブルに対して一括処理を行う

●テーブル

| 商品NO | 商品名 | 単価 | 生産終了 |
|--------|--------|------|----------|
| 1 | アロエジュース | ¥1,200 | |
| 2 | アロエゼリー | ¥600 | ✔ |
| 3 | アロエ茶 | ¥2,000 | |
| 4 | ウコン茶 | ¥3,000 | |
| 5 | カルシウム | ¥1,800 | ✔ |

[生産終了]フィールドにチェックマークが
付いたレコードを削除する

●テーブル（クエリの実行結果）

| 商品NO | 商品名 | 単価 | 生産終了 |
|--------|--------|------|----------|
| 1 | アロエジュース | ¥1,200 | |
| 3 | アロエ茶 | ¥2,000 | |
| 4 | ウコン茶 | ¥3,000 | |

次のページに続く

●クロス集計クエリでデータを多角的に分析できる

◆クロス集計クエリ
テーブルから、行と列にフィールドを
配置したクロス集計表（二次元集計表）
を作成する

●テーブル

| 顧客名 | 商品名 | 金額 |
|---|---|---|
| 田中 | アロエジュース | 9,000 |
| 田中 | アロエゼリー | 2,600 |
| 田中 | アロエゼリー | 2,600 |
| 青木 | アロエジュース | 8,000 |
| 青木 | アロエ茶 | 1,500 |
| 上山 | アロエゼリー | 7,100 |

顧客名と商品名ごとに売上金額を
二次元で集計する

●クエリの実行結果

| 顧客名 | アロエジュース | アロエゼリー | アロエ茶 |
|---|---|---|---|
| 田中 | 9,000 | 5,200 | |
| 青木 | 8,000 | | 1,500 |
| 上山 | | 7,100 | |

## ·Ö·Hint!

### クエリとフィルターの違いとは

テーブル上でレコードを抽出する機能にフィルターがあります。フィルター
を使用すれば、クエリを使わなくてもテーブルから条件を満たすレコードを
表示できます。しかし、テーブルのフィルターはクエリと違い、フィールド
の選択や複数テーブルの組み合わせができません。また、テーブルには直
前に設定したフィルターしか保存できません。何度も繰り返し実行したい抽
出条件や、いくつかのフィールドやテーブルを組み合わせたい場合は、ク
エリを作成した方がいいでしょう。

## ●ユニオンクエリで異なるテーブルの複数のフィールドを結合できる

◆ユニオンクエリ
フィールド名やフィールド数の異なる複数の
テーブルのフィールドを結合できる

●テーブル

| 会員NO | 会員名 | フリガナ | メールアドレス |
|--------|--------|----------|---------------|
| K001 | 鈴木 慎吾 | スズキ シンゴ | s_suzuki@xxx.jp |
| K002 | 山崎 祥子 | ヤマザキ ショウコ | yamazaki@xxx.xx |
| K003 | 篠田 由香里 | シノダ ユカリ | shinoda@xxx.com |

●クエリの実行結果

複数のテーブルを
組み合わせる

| 会員ID | 会員名 | メールアドレス |
|--------|--------|---------------|
| K001 | 鈴木 慎吾 | s_suzuki@xxx.jp |
| K002 | 山崎 祥子 | yamazaki@xxx.xx |
| K003 | 篠田 由香里 | shinoda@xxx.com |
| N001 | 金沢 紀子 | kanazawa@xxx.com |
| N002 | 山下 雄介 | yamasita@xxx.jp |

●テーブル

| 会員ID | 会員名 | Eメール |
|--------|--------|---------|
| N001 | 金沢 紀子 | kanazawa@xxx.com |
| N002 | 山下 雄介 | yamasita@xxx.jp |

# クエリのビューを確認しよう
ビューの種類、切り替え

📄 練習用ファイル ビューの種類、切り替え.accdb

## 目的に応じてビューを切り替える

クエリには「データシートビュー」「デザインビュー」「SQLビュー」という3つのビューがあります。その中で頻繁に使用するのは、クエリの設計画面である「デザインビュー」と、クエリの実行結果を表示する「データシートビュー」の2つでしょう。クエリの作成過程では、表示するフィールドの指定や抽出・並べ替えの設定などをデザインビューで行い、設定内容が正しく機能するか、データシートビューに切り替えて確認します。2つのビューを頻繁に切り替えながら、クエリを作成していくのです。ビューを素早く切り替えられるように、切り替えの方法を確認しておきましょう。

◆デザインビュー
クエリ作成の基本となるビューで、表示したいフィールドの選択や抽出条件の設定が行える

◆データシートビュー
クエリの実行結果を表示するビューで、データの編集もここから行える

# クエリを表示してビューを切り替える

練習用ファイルを開いておく

**1** [受注詳細クエリ]をダブルクリック

◆ [シャッターバーを開く/閉じる]

◆ナビゲーションウィンドウ

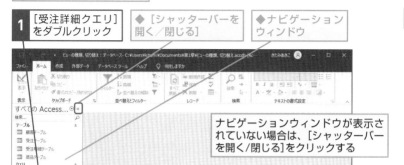

ナビゲーションウィンドウが表示されていない場合は、[シャッターバーを開く/閉じる]をクリックする

[受注詳細クエリ]がデータシートビューで表示された

**2** [ホーム]タブをクリック

**3** [表示]をクリック

表示

**4** [デザインビュー]をクリック

クエリがデザインビューで表示された

# リレーションシップの基本を確認しよう

リレーションシップの基本

## リレーションシップはテーブルの「関連付け」

複数のテーブルを関連付けることを「リレーションシップ」といいます。リレーションシップを設定することで、お互いのレコードを組み合わせて利用できるようになります。テーブル間にリレーションシップを設定するには、2つのテーブルに共通するフィールド（結合フィールド）でお互いのテーブルを結び付けます。テーブル間にリレーションシップを設定すると、それらのテーブルを元にクエリで1つの表を作成し、結合フィールドに共通の値を持つレコード同士を組み合わせて表示できます。下図では、[商品ID] フィールドを結合フィールドとして、[商品テーブル] のレコードと [販売テーブル] のレコードを組み合わせて表示しています。

●商品テーブル

| 商品ID | 商品名 | 単価 |
|---|---|---|
| A01 | 鉛筆 | ¥80 |
| A02 | 消しゴム | ¥100 |
| A03 | ノート | ¥150 |

リレーションシップ

●販売テーブル

| ID | 売上日 | 商品ID |
|---|---|---|
| 1 | 2020/10/11 | A01 |
| 2 | 2020/10/11 | A02 |
| 3 | 2020/10/12 | A01 |
| 4 | 2020/10/13 | A03 |

## リレーションシップの必要性

クエリを作成するときに、テーブル間のリレーションシップを解除して、関連付けのない状態で複数のテーブルから1つの表を作成することもできます。しかし、その場合に作成される表は、お互いのテーブルのレコードを単純に組み合わせた表です。例えば、リレーションシップが設定されていない3つのレコードを持つテーブルと、4つのレコードを持つテーブルから、1つの表を作成すると、クエリに12のレコードが表示されます。これは意味のある表とはいえません。結合フィールドに共通の値を持つレコードだけを組み合わせるためには、テーブル間にリレーションシップを設定する必要があります。

| ID | 売上日 | 商品ID | 商品ID | 商品名 | 単価 |
|---|---|---|---|---|---|
| 1 | 2020/10/11 | A01 | A01 | 鉛筆 | ¥80 |
| 1 | 2020/10/11 | A01 | A02 | 消しゴム | ¥100 |
| 1 | 2020/10/11 | A01 | A03 | ノート | ¥150 |
| 2 | 2020/10/11 | A02 | A01 | 鉛筆 | ¥80 |
| 2 | 2020/10/11 | A02 | A02 | 消しゴム | ¥100 |
| 2 | 2020/10/11 | A02 | A03 | ノート | ¥150 |
| 3 | 2020/10/12 | A01 | A01 | 鉛筆 | ¥80 |
| 3 | 2020/10/12 | A01 | A02 | 消しゴム | ¥100 |
| 3 | 2020/10/12 | A01 | A03 | ノート | ¥150 |
| 4 | 2020/10/13 | A03 | A01 | 鉛筆 | ¥80 |
| 4 | 2020/10/13 | A03 | A02 | 消しゴム | ¥100 |
| 4 | 2020/10/13 | A03 | A03 | ノート | ¥150 |

リレーションシップを設定せずに [商品テーブル] と [販売テーブル] から表を作成すると、12のレコードが表示される

◆結合フィールド
共通の値を持つレコード同士を
組み合わせて表示する

| ID | 売上日 | 商品ID | 商品名 | 単価 |
|---|---|---|---|---|
| 1 | 2020/10/11 | A01 | 鉛筆 | ¥80 |
| 2 | 2020/10/11 | A02 | 消しゴム | ¥100 |
| 3 | 2020/10/12 | A01 | 鉛筆 | ¥80 |
| 4 | 2020/10/13 | A03 | ノート | ¥150 |

次のページに続く

## リレーションシップの種類

テーブルを連携させるにはリレーションシップを設定しますが、その種類は3種類あります。最も一般的なのは、一方のテーブルの主キーフィールドともう一方のテーブルの主キーでないフィールドでテーブルを結合した「一対多」のリレーションシップです。前者のテーブルの1つのレコードが後者のテーブルの複数のレコードに対応します。前者のテーブルを「一側テーブル」、後者のテーブルを「多側テーブル」と呼び、このようなリレーションシップを「一対多リレーションシップ」と呼びます。また、2つのテーブルのレコードは親子関係に当たるため、一側テーブルのレコードを「親レコード」、多側テーブルのレコードを「子レコード」と呼びます。

「一対多」のほか、リレーションシップの種類には「一対一」と「多対多」があります。「一対一」は、2つのテーブルの主キー同士を結合した場合のリレーションシップです。一方のテーブルの1つのレコードが、もう一方のテーブルの1つのレコードと対応します。「多対多」は、共通のテーブルを挟んだ2つのテーブル同士の関係になります。2つのテーブルが直接「多対多」で結ばれることはありません。

●一対多リレーションシップの例

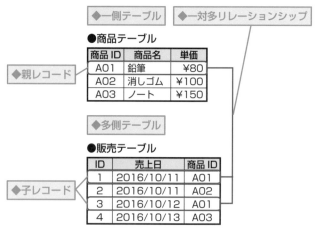

●多対多リレーションシップの例

◆多対多リレーション
シップ

●商品テーブル

| 商品ID | 商品名 | 単価 |
|--------|--------|------|
| A01 | XXXX | ¥XXX |
| A02 | XXXX | ¥XXX |
| A03 | XXXX | ¥XXX |

◆一対多リレーション
シップ

●販売テーブル

| ID | 売上日 | 商品ID | 顧客ID |
|----|--------|--------|--------|
| X | XXXX/XX/XX | A01 | S001 |
| X | XXXX/XX/XX | A02 | S002 |
| X | XXXX/XX/XX | A01 | S003 |
| X | XXXX/XX/XX | A03 | S002 |

●顧客テーブル

◆一対多リレーション
シップ

| 顧客ID | 顧客名 | 電話番号 |
|--------|--------|----------|
| S001 | XXXXX | XXXXXXXXXX |
| S002 | XXXXX | XXXXXXXXXX |
| S003 | XXXXX | XXXXXXXXXX |

## ·Ϙ·Hint!

### 主キーとは？

主キーとは、テーブル内の各レコードを区別するためのフィールドのことで、
ほかのレコードと重複しない値が入力されています。

テーブルをデザインビューで表示
したとき、主キーとなるフィール
ドにはカギのマークが表示される

| フィールド名 | データ型 |
|--------------|----------|
| 顧客ID | オートナンバー型 |
| 顧客名 | 短いテキスト |
| コキャクメイ | 短いテキスト |
| 性別 | 短いテキスト |
| 郵便番号 | 短いテキスト |
| 都道府県 | 短いテキスト |
| 住所 | 短いテキスト |
| 電話番号 | 短いテキスト |

# 参照整合性の基本を確認しよう

## 参照整合性

📄 練習用ファイル　参照整合性.accdb

## 「参照整合性」でデータの整合性を保つ

リレーションシップを設定したテーブルの結合フィールドにデータを入力する際に、うっかり入力ミスをするとデータの整合性が崩れることがあります。例えば、販売した商品の情報を［販売テーブル］に入力するときに、［商品テーブル］にない商品を誤って入力してしまうと存在しない商品を売ったことになり、2つのテーブルの整合性を維持できなくなります。

このような矛盾を生じさせないために、Accessには参照整合性という機能が用意されています。リレーションシップと併せて参照整合性を設定しておくと、データの整合性が保たれるようにAccessが自動管理してくれます。例えば、［商品テーブル］にない商品を［販売テーブル］に入力すると、エラーメッセージを表示して矛盾を指摘してくれます。参照整合性を設定するには、2つのテーブルの結合フィールドが以下の条件を満たしている必要があります。

●参照整合性の設定条件

> ・一方あるいは両方が主キーか固有インデックス
> ・データ型が同じ※
> ・フィールドサイズが同じ（数値型の場合）
> ・2つのテーブルが同じAccessデータベース内にある

※データ型が異なる場合でも、オートナンバー型と数値型であれば、双方のフィールドサイズを長整数型にすると参照整合性を設定できる

●参照整合性の設定

◆一側テーブル（親レコード）　　　　　　　　◆多側テーブル（子レコード）

●商品テーブル

| 商品ID | 商品名 | 単価 |
|---|---|---|
| A01 | 鉛筆 | ¥80 |
| A02 | 消しゴム | ¥100 |
| A03 | ノート | ¥150 |
| A04 | 定規 | ¥300 |

●販売テーブル

| ID | 売上日 | 商品ID |
|---|---|---|
| 1 | 2020/10/11 | A01 |
| 2 | 2020/10/11 | A02 |
| 3 | 2020/10/12 | A01 |
| 4 | 2020/10/13 | A03 |
| 5 | 2020/10/13 | XYZ |

◆子レコードのない親レコード
売れない商品と見なせるので問題ない

◆親レコードのない子レコード
商品テーブルに存在しない商品が販売されたことになってしまう

## リレーションシップと参照整合性を設定する

### 1 リレーションシップウィンドウを表示する

| 練習用ファイルを開いておく | ここでは、[顧客テーブル]と[受注テーブル]にある[顧客ID]フィールドにリレーションシップを設定する |
|---|---|

リレーションシップウィンドウを表示する

**1** [データベースツール]タブをクリック

**2** [リレーションシップ]をクリック

次のページに続く

## 2 テーブルを追加する

| リレーションシップウィンドウと [テーブルの表示] ダイアログボックスが表示された | ここでは [顧客テーブル] と [受注テーブル] をリレーションシップウィンドウに追加する |
| --- | --- |

1 [顧客テーブル] をクリック

2 Ctrl キーを押しながら [受注テーブル]をクリック

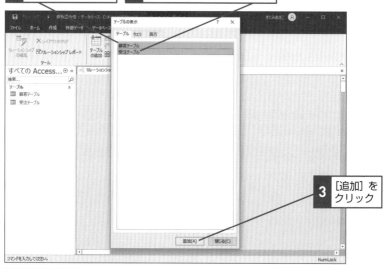

3 [追加] をクリック

[テーブルの表示] ダイアログボックスを閉じる

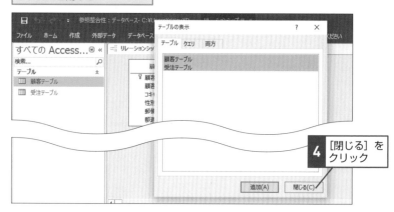

4 [閉じる] をクリック

## 3 リレーションシップを設定する

> [顧客テーブル] の [顧客ID] と [受注テーブル] の [顧客ID]
> との間にリレーションシップを設定する

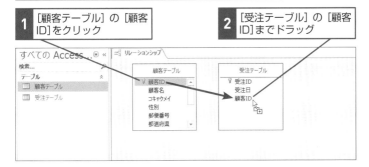

**1** [顧客テーブル] の [顧客ID]をクリック

**2** [受注テーブル] の [顧客ID]までドラッグ

## 4 参照整合性を設定する

> [リレーションシップ]
> ダイアログボックスが
> 表示された

> リレーションシップを設定するフィールド
> 間でデータの矛盾が生じないように参照整
> 合性を設定する

**1** [参照整合性] をクリックしてチェックマークを付ける

**2** [作成] を
クリック

次のページに続く

# 5 リレーションシップウィンドウを閉じる

参照整合性を設定したリレーションシップが設定された

リレーションシップが設定されたフィールド間には結合線が表示される

**1** [閉じる] を クリック

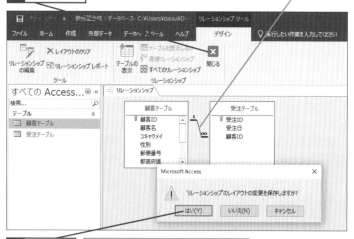

'リレーションシップのレイアウトの変更を保存しますか?'

**2** [はい] を クリック

リレーションシップウィンドウが 閉じる

---

## ·Ö· Hint!

### リレーションシップウィンドウを閉じるときのメッセージの意味

手順5で表示されるダイアログボックスのメッセージは、リレーションシップの設定自体を保存するかどうかの確認ではありません。[リレーションシップ] ウィンドウで表示されているテーブルやそのレイアウトを保存するかどうかの確認です。

## 参照整合性を設定すると「1」「∞」マークが表示される

参照整合性を設定すると、結合線の一側テーブル側に「1」、多側テーブル側に「∞」のマークが表示されます。参照整合性を設定しない場合は、結合線だけが表示されます。

## Hint!
### 参照整合性は後からでも設定できる

リレーションシップ設定時に参照整合性の設定は必ずしも行う必要はありません。参照整合性を設定せずにリレーションシップを作成した後で、必要に応じて参照整合性の設定を追加することもできます。その場合は、結合線をダブルクリックし、[リレーションシップ] ダイアログボックスを表示して[参照整合性] にチェックマークを付けます。[参照整合性] にチェックマークを付けると、[フィールドの連鎖更新] や [レコードの連鎖削除] にチェックマークを付けられるようになります。

**1** リレーションシップを設定したフィールド間の結合線をダブルクリック

**2** [参照整合性] のここをクリックしてチェックマークを付ける

**3** [OK] をクリック

参照整合性が設定される

## Hint!
### 参照整合性を設定できないときは

26ページで説明した参照整合性の設定条件を満たしているにもかかわらず、手順4の後に「参照整合性を設定できません。」というメッセージが表示される場合は、テーブルに整合性のないレコードが入力されている可能性があります。参照整合性の設定をキャンセルして、テーブルのデータシートビューを表示し、親レコードのない子レコードが存在しないようにデータを修正しましょう。なお、親レコードのない子レコードを探すには、レッスン36で紹介する不一致クエリを利用できます。

# 基本を身に付けてクエリの活用につなげよう

データベースと聞くと「大量のデータの集合」を想像しがちですが、実際には集めたデータを活用してこそ、データベースの真価を発揮できるようになります。そして、その役目を担う重要な存在がクエリです。クエリを使いこなせば、データを加工したり、集計して分析したりするなど、データの活用の場が広がります。

ただし、そのためには事前の基礎知識が必要です。複数のテーブルに蓄えられたデータを正しく連携させるには、リレーションシップや参照整合性の知識が欠かせません。また、思い通りの情報が得られるようなクエリを設計するには、クエリの特性を理解し、さまざまなクエリを使い分ける必要があります。デザインビューとデータシートビューの切り替えのような基本操作の知識も必要でしょう。この章で紹介したクエリの基本を身に付けて、今後のクエリの活用につなげてください。

クエリの基本を確認する

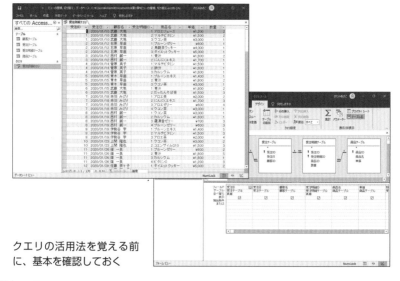

クエリの活用法を覚える前に、基本を確認しておく

# 第 **2** 章

# クエリの基本と操作を覚える

クエリを使うことで、テーブルから必要な情報を取り出し、加工できます。この章では、クエリの作成方法、テーブルの組み合わせ、並べ替え、抽出、計算、表示形式など、基本的なクエリの操作と実行結果をExcelで利用するためのデータの出力方法を説明しています。

# クエリの基本を覚えよう
## クエリの基本と操作

## 基本のクエリ「選択クエリ」を覚える

「選択クエリ」とは、テーブルから必要なデータを取り出して表示するクエリで、最も基本的なクエリです。この章では、「選択クエリ」の作成を通して、レコードの並べ替え、条件に合ったレコードの抽出、演算による新しいフィールドの作成、データの表示形式の設定方法などを解説します。

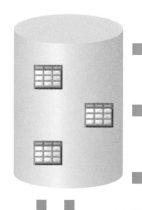

| 企業名 | 住所 |
|---|---|
| ○○商事 | 港区芝 X-X |
| （株）×××× | 渋谷区代々木 X-X-X |
| （株）△△ | 中央区築地 XX-X |

テーブルから会社名や住所など、必要なフィールドだけを取り出す

| 社員名 | シャインメイ |
|---|---|
| 荒井 | アライ |
| 小野寺 | オノデラ |
| 近藤 | コンドウ |
| 斎藤 | サイトウ |

フリガナの情報を利用して、レコードを並べ替える

| 顧客名 | 性別 |
|---|---|
| 石原 | 女 |
| 菅原 | 女 |
| 青木 | 女 |

性別などの条件に一致するデータを抽出する

| 商品名 | 定価 | 社内価格 |
|---|---|---|
| ノートPC | ¥98,000 | 83300 |
| デスクトップPC | ¥168,000 | 142800 |
| プリンター1 | ¥65,000 | 55250 |
| プリンター2 | ¥125,000 | 106250 |

式を利用して、別のフィールドに割引価格を表示する

| 目標 | 実績 | 達成率 |
|---|---|---|
| ¥145,200 | ¥200,650 | 138.2% |
| ¥168,000 | ¥200,650 | 98.5% |
| ¥200,000 | ¥198,000 | 99.0% |
| ¥175,000 | ¥183,500 | 104.9% |
| ¥135,500 | ¥125,000 | 77.5% |

表示形式を変更して、パーセントで表示されるようにする

# クエリの作成に必要な操作とは

この章では、クエリを作成したり実行したりする上で、覚えておきたいAccessの基本操作についても解説します。データを失わないためのバックアップ、実行したいときにいつでも実行できるようにするためのクエリの保存、複数のテーブルを連携するためのリレーションシップ、クエリの結果をほかのアプリで利用するためのエクスポートなど、どれも大切な操作です。

●バックアップ
間違って元テーブルのデータを変更しないように、テーブルをバックアップする

●エクスポート
ほかのアプリで利用できるように、クエリの実行結果をほかのファイル形式で書き出す

●クエリの保存
作成したクエリを後から利用できるように保存する

●リレーションシップ
複数のテーブルからデータを取り出せるようにリレーションシップを設定する

| 商品ID | 商品名 | 単価 |
|--------|--------|------|
| A01 | 鉛筆 | ¥80 |
| A02 | 消しゴム | ¥100 |
| A03 | ノート | ¥150 |

| ID | 売上日 | 商品ID |
|----|--------|--------|
| 1 | 2020/10/11 | A01 |
| 2 | 2020/10/11 | A02 |
| 3 | 2020/10/12 | A01 |
| 4 | 2020/10/13 | A03 |

リレーションシップ

# クエリを実行する準備をするには

テーブルのバックアップ

📄 練習用ファイル テーブルのバックアップ.accdb

## バックアップで万が一の場合に備える

クエリの実行結果は、テーブルのデータと直結しているため、クエリで変更した内容が、そのままテーブルのデータに反映されます。便利である一方、不注意や誤操作によりテーブルの内容を壊してしまう危険性もあります。第5章で説明するアクションクエリのような、テーブルに対する一括処理を行うクエリもあるので、クエリで大量のデータを操作する場合は、事前に必ずバックアップを用意しておくようにしましょう。

**Before**

クエリを実行する前に、操作するテーブルのバックアップを用意する

**After**

テーブルをバックアップしておけば、誤操作があった場合に簡単に復旧できる

第2章 クエリの基本と操作を覚える

# テーブルをコピーしてバックアップする

| Accessのテーブルをコピーしてバックアップ用のテーブルを作成する | 練習用ファイルを開いておく | レッスン2を参考に、ナビゲーションウィンドウを表示しておく |
|---|---|---|

**1** コピーするテーブルをクリック

**2** [ホーム] タブをクリック

**3** [コピー] をクリック

コピーしたテーブルを貼り付ける

**4** [貼り付け] をクリック

**5** 「顧客テーブルBK」と入力

**6** [テーブル構造とデータ] が選択されていることを確認

**7** [OK] をクリック

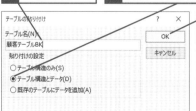

テーブルのバックアップが「顧客テーブルBK」という名前で保存される

# テーブルから必要なフィールドだけを取り出すには

選択クエリ

📄 練習用ファイル　選択クエリ.accdb

## 必要な情報を的確に取り出せる

このレッスンでは、テーブルから必要なフィールドを取り出して表示する選択クエリを作成します。テーブルから必要なフィールドを取り出す機能は、選択クエリの機能の中で最も単純な機能です。しかし単純ながらも、大変役に立つ機能です。例えば取引先情報を保存したテーブルがあるとき、そこから「取引先の業種リスト」を作るときと「取引先の住所録」を作るときでは、必要となるフィールドが変わります。選択クエリで必要なフィールドを過不足なく取り出すことで、必要な情報を的確に得ることができるのです。

**Before**

取引先情報が入力されているテーブルから、[ID][企業名][業種][住所]のフィールドのみを取り出したい

**After**

データの編集やコピーの手間なく、必要なフィールドを取り出せる

# 1 クエリを新規作成してテーブルを選択する

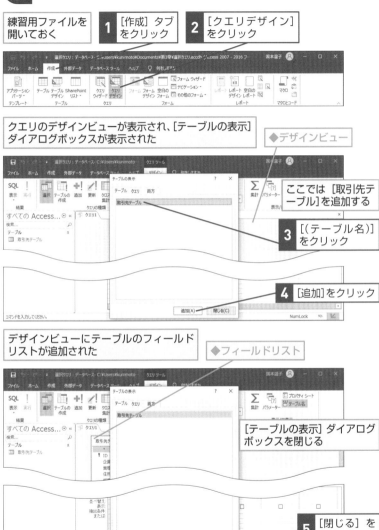

練習用ファイルを
開いておく

**1** [作成] タブ
をクリック

**2** [クエリデザイン]
をクリック

クエリのデザインビューが表示され、[テーブルの表示]
ダイアログボックスが表示された

◆デザインビュー

ここでは [取引先テーブル]を追加する

**3** [(テーブル名)]
をクリック

**4** [追加]をクリック

デザインビューにテーブルのフィールド
リストが追加された

◆フィールドリスト

[テーブルの表示] ダイアログ
ボックスを閉じる

**5** [閉じる] を
クリック

7

選択クエリ

次のページに続く

## 2 フィールドを追加する

ここでは、[取引先テーブル] の [ID] [企業名] [業種] [住所]の4つのフィールドを追加する

**1** [ID] をダブルクリック

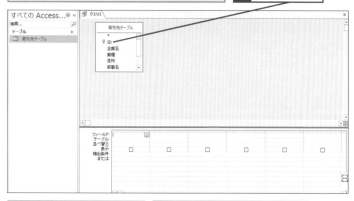

デザイングリッドに [ID] のフィールドが追加された

**2** 同様にして [企業名] [業種] [住所]をダブルクリック

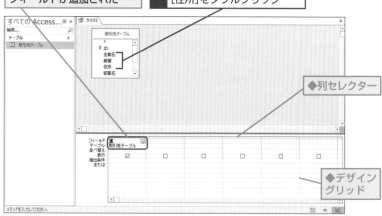

◆列セレクター

◆デザイングリッド

## 3 クエリを実行する

作成した選択クエリを実行する

**1** [実行] をクリック

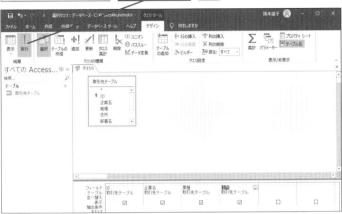

作成した選択クエリが実行された

**2** [ID] [企業名] [業種] [住所] のフィールドが表示されていることを確認

| ID | 企業名 | 業種 | 住所 |
| --- | --- | --- | --- |
| 1 | △□興産株式会社 | 石油 | 新宿区西新宿X－XX－XX |
| 2 | ◎△電気工業株式会社 | 電機 | 港区西新橋X－X－XX |

### ☆ Hint!

**複数のテーブルを追加できる**

このレッスンでは1つのテーブルを元にクエリを作成しますが、デザインビューに複数のテーブルを追加して、複数のテーブルからクエリを作成することもできます。複数のテーブルからクエリを作成すると、複数のテーブルのデータを連携して活用できます。

# 作成したクエリを保存するには
## 名前を付けて保存

📄 **練習用ファイル** 名前を付けて保存.accdb

## クエリを保存すればいつでも利用できる

クエリは、テーブルからデータを取り出すための「指示書」です。テーブルとは違って、クエリにデータが保存されるわけではありません。「どのテーブルからどのフィールドをどの順番で取り出す」という指示が書かれたクエリを保存しておくことにより、いつでもそのクエリを呼び出して、最新のテーブルからデータを取り出すことができます。保存したクエリを元に別のクエリを作成できる点も、クエリを保存しておくメリットです。せっかく作成したクエリを無駄にせず、保存して有効活用できるようにしましょう。

### After

保存したクエリは、いつでも実行できる

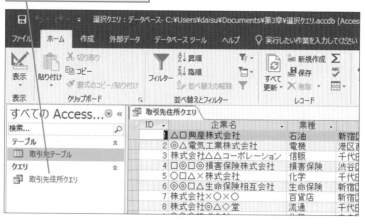

# 作成したクエリを保存する

| ここでは、レッスン7で作成したクエリを保存する | レッスン7を参考にクエリの実行結果を表示しておく |
| --- | --- |

**1** [上書き保存]をクリック

**2** 「取引先住所クエリ」と入力

### ⚠ 間違った場合は?

クエリ名を間違えて保存した場合は、ナビゲーションウィンドウでクエリ名をクリックして選択します。 F2 キーを押して編集できる状態にしたら、名前を変更しましょう。

**3** [OK] をクリック | クエリが保存される

## ☼ Hint!

### クエリにはテーブルと同じ名前は付けられない

クエリ名には、テーブルと同じ名前を付けることはできません。名前を付けるときに、テーブルは「取引先テーブル」、クエリは「取引先住所クエリ」のように、名前の末尾にオブジェクト名を追加するなどして、テーブルとクエリを区別させると管理がしやすくなります。

# レコードを 並べ替えるには

並べ替え

📄 練習用ファイル 並べ替え.accdb

## フィールドを利用して並べ替えができる

データをより見やすくするために、選択クエリで抽出したレコードを並べ替えてみましょう。並べ替えの種類には、昇順（小さい順）と降順（大きい順）があり、フリガナの50音順や、金額の大きい順など、目的に合わせて並べ替えの方法を選びます。また、並べ替えの基準にするフィールドは、1つだけ指定することも、複数指定することもできます。場合によっては、並べ替え用のフィールドを追加して、そのフィールドを非表示に設定することもあります。レコードの並べ替え方について確認し、設定方法を理解しましょう。

**Before**

| クエリ1 | | |
|---|---|---|
| 社員ID | 社員名 | シャインメイ |
| 103502 | 田中 裕一 | タナカ ユウイチ |
| 103801 | 南 慶介 | ミナミ ケイスケ |
| 103802 | 佐々木 努 | ササキ ツトム |
| 104201 | 新藤 英子 | シンドウ エイコ |
| 104203 | 荒井 忠 | アライ タダシ |
| 104301 | 山崎 幸彦 | ヤマザキ ユキヒコ |
| 104402 | 戸田 あかね | トダ アカネ |
| 104602 | 杉山 直美 | スギヤマ ナオミ |
| 104701 | 小野寺 久美 | オノデラ クミ |
| 104801 | 近藤 俊彦 | コンドウ トシヒコ |
| 104902 | 斉藤 由紀子 | サイトウ ユキコ |
| 105101 | 鈴木 隆 | スズキ タカシ |
| 105102 | 室井 正二 | ムロイ ショウジ |
| 105201 | 曽根 由紀 | ソネ ユキ |
| 105301 | 高橋 勇太 | タカハシ ユウタ |

社員名の五十音順でレコードを
並べ替えたい

→

**After**

| クエリ1 | | |
|---|---|---|
| 社員ID | 社員名 | シャインメイ |
| 104203 | 荒井 忠 | アライ タダシ |
| 104701 | 小野寺 久美 | オノデラ クミ |
| 104801 | 近藤 俊彦 | コンドウ トシヒコ |
| 104902 | 斉藤 由紀子 | サイトウ ユキコ |
| 103802 | 佐々木 努 | ササキ ツトム |
| 104201 | 新藤 英子 | シンドウ エイコ |
| 104602 | 杉山 直美 | スギヤマ ナオミ |
| 105101 | 鈴木 隆 | スズキ タカシ |
| 105201 | 曽根 由紀 | ソネ ユキ |
| 105301 | 高橋 勇太 | タカハシ ユウタ |
| 103502 | 田中 裕一 | タナカ ユウイチ |
| 104402 | 戸田 あかね | トダ アカネ |
| 103801 | 南 慶介 | ミナミ ケイスケ |
| 105102 | 室井 正二 | ムロイ ショウジ |
| 104301 | 山崎 幸彦 | ヤマザキ ユキヒコ |

フリガナが入力されているフィールドを基準にして、レコードの並べ替えができた

# 並べ替えるフィールドを設定する

| 練習用ファイル<br>を開いておく | [社員テーブル]の[社員ID][社員名][シャインメイ]<br>[入社年月日][所属]でクエリを作成する |
|---|---|

| **1** レッスン7を参考に、新規<br>クエリを作成して必要なフ<br>ィールドを追加 | フィールドリストのフィールドを、<br>デザイングリッドにドラッグしても<br>追加できる |
|---|---|

| 並べ替えの基準にする<br>フィールドを設定する | ここでは、[シャインメイ]のフィールドを<br>基準に昇順でクエリを並べ替える |
|---|---|

| **2** [シャインメイ]フィールドの<br>[並べ替え]行をクリック | **3** ここをク<br>リック |
|---|---|

| ここでは昇順に並べ替える | **4** [昇順]をクリック |
|---|---|

クエリを実行して、並べ替えの
結果を確認する

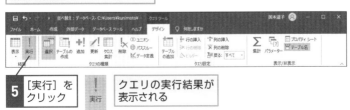

| **5** [実行]を<br>クリック | クエリの実行結果が<br>表示される |
|---|---|

できる | **43**

# 条件に一致するレコードを 抽出して表示するには

## 抽出条件

📄 **練習用ファイル** 抽出条件.accdb

## さまざまな条件でレコードを抽出しよう

クエリを実行するときに抽出条件を指定して、条件に一致するレコードだけを表示してみましょう。必要なレコードだけを絞り込んで表示したいときに便利です。抽出条件は、クエリのデザイングリッドの［抽出条件］行に、テーブルに保存されているフィールドのデータを抽出条件として入力します。抽出条件として入力できるデータは、文字列や数値だけでなく日付も条件にできます。クエリを実行すると、抽出条件と完全一致するデータを持つレコードだけに絞り込まれた表が表示されます。

### Before

女性の顧客名だけを抽出して
表示したい

→

### After

［性別］フィールドに抽出条件を指定
して女性の顧客名だけを抽出できた

数値や日付が入力されたフィールド
があれば、数値や日付を条件に設定
できる

# 抽出条件を設定する

| 練習用ファイルを開いておく | [顧客テーブル]の[顧客ID] [顧客名] [性別]のフィールドでクエリを作成する |
|---|---|

**1** レッスン7を参考に、新規クエリを作成して必要なフィールドを追加

| ここでは、[性別] フィールドが「女」のレコードを抽出する | **2** [性別] フィールドの [抽出条件]行をクリック | **3** 「女」と入力 |
|---|---|---|

**4** Enter キーを押す

| 自動的に「"」が付き、正しい書式に変換された | **5** [実行] をクリック | クエリの実行結果が表示される |
|---|---|---|

---

## ☼ Hint!

### 文字列の前後には「"」が表示される

抽出条件を入力した後、Enter キーを押してカーソルを移動すると、入力された抽出条件が確定し、自動的に正しい書式に変換されます。手順1の下の画面では「女」と入力していますが、文字列の条件を入力すると前後に「"」（ダブルクォーテーション）が付加されます。

# クエリ上で計算するには

## 演算フィールド

📄 練習用ファイル 演算フィールド.accdb

## フィールドの値を基準に新しいデータを作成できる

演算フィールドとは、フィールドの値を使って計算を行い、その結果を表示するフィールドのことです。下の例では、特売価格としてすべての商品を15%割り引きした価格を求め、新しいフィールドに表示しています。このように演算フィールドを利用すると、フィールドの値を基準としたデータが作成できます。

**Before**

[単価]フィールドの金額はそのままで、別のフィールドに割引価格を表示したい

| 商品ID | 商品名 | 単価 |
|--------|--------|------|
| H001 | アロエジュース | ¥1,200 |
| H002 | アロエゼリー | ¥600 |
| H003 | アロエ茶 | ¥2,000 |
| H004 | ウコン茶 | ¥3,000 |
| H005 | カルシウム | ¥1,800 |
| H006 | コエンザイムQ | ¥1,500 |
| H007 | ダイエットクッキー | ¥5,000 |
| H008 | だったんそば茶 | ¥1,500 |

**After**

[単価]フィールドを利用して、別のフィールドに割引価格を表示できた

| 商品ID | 商品名 | 単価 | 特売価格 |
|--------|--------|------|----------|
| H001 | アロエジュース | ¥1,200 | 1020 |
| H002 | アロエゼリー | ¥600 | 510 |
| H003 | アロエ茶 | ¥2,000 | 1700 |
| H004 | ウコン茶 | ¥3,000 | 2550 |
| H005 | カルシウム | ¥1,800 | 1530 |
| H006 | コエンザイムQ | ¥1,500 | 1275 |
| H007 | ダイエットクッキー | ¥5,000 | 4250 |
| H008 | だったんそば茶 | ¥1,500 | 1275 |

●このレッスンで使う演算子

| 構文 | 演算フィールド名：式 |
|------|----------------------|
| 例 | 特売価格：[ 単価 ]*0.85 |
| 説明 | 「特売価格」という演算フィールドを新規作成し、元テーブルの[単価]フィールドの15%引きの金額を表示する |

●主な演算子

| 演算子 | 意味 |
|--------|------|
| + | 足し算 |
| - | 引き算 |
| * | 掛け算 |
| / | 割り算 |
| ¥ | 割り算の商の整数 |
| MOD | 割り算の商の剰余 |
| ^ | べき乗 |
| & | 文字連結 |

# 演算フィールドを追加する

| 練習用ファイルを開いておく | [商品テーブル]の[商品ID] [商品名][単価]のフィールドでクエリを作成する | **1** レッスン7を参考に、新規クエリを作成して必要なフィールドを追加 |
|---|---|---|

| [単価]の右に「特売価格」という名前の演算フィールドを追加する | **2** 列の境界線をここまでドラッグ |
|---|---|

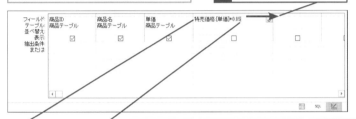

| **3** ここをクリック | **4** 「特売価格:[単価] *0.85」と入力 | 「:」や「*」、「[]」の記号は半角で入力する | **5** Enter キーを押す |
|---|---|---|---|

| 演算フィールドが追加された | **6** [実行]をクリック | クエリの実行結果が表示される |
|---|---|---|

## ☼ Hint!

### 割り算に関する演算子

Accessには、割り算を行うための演算子である「/」のほかに、整数商を求めるための「¥」と剰余を求めるための「MOD」(モッド)があります。「¥」や「MOD」を使うと、商品をケース単位で発注するときの数量を求められます。

# データの表示形式を 指定するには

データの書式

📄 練習用ファイル データの書式.accdb

## 書式でデータが見やすくなる

クエリのフィールドプロパティにある [書式] では、データシートビューで表示されるデータの表示形式を設定できます。[Before] の表は達成率が小数で表示されているため、データの内容がよく分かりません。しかし、パーセント表示や通貨表示のように、値の意味に合わせて表示形式を変更すればデータの内容や意味がすぐに分かります。フィールドの表示形式をテーブルとは別のものに変更したり、演算フィールドの計算結果に書式が設定されていない場合に適切な表示形式にするときなどに使用しましょう。

### Before

| 社員名 | 目標 | 実績 | 達成率 |
|---|---|---|---|
| 田中 裕一 | ¥145,200 | ¥200,650 | 1.3818870523416 |
| 南 慶介 | ¥168,000 | ¥165,500 | 0.985119047619048 |
| 佐々木 努 | ¥200,000 | ¥198,000 | 0.99 |
| 新藤 英子 | ¥175,000 | ¥183,500 | 1.04857142857143 |
| 荒井 忠 | ¥135,500 | ¥105,000 | 0.774907749077491 |
| 山崎 幸彦 | ¥186,000 | ¥178,500 | 0.959677419354839 |
| 戸田 あかね | ¥155,000 | ¥179,500 | 1.15806451612903 |

達成率が小数で表示されていて、分かりにくい

### After

| 社員名 | 目標 | 実績 | 達成率 |
|---|---|---|---|
| 田中 裕一 | ¥145,200 | ¥200,650 | 138.19% |
| 南 慶介 | ¥168,000 | ¥165,500 | 98.51% |
| 佐々木 努 | ¥200,000 | ¥198,000 | 99.00% |
| 新藤 英子 | ¥175,000 | ¥183,500 | 104.86% |
| 荒井 忠 | ¥135,500 | ¥105,000 | 77.49% |
| 山崎 幸彦 | ¥186,000 | ¥178,500 | 95.97% |
| 戸田 あかね | ¥155,000 | ¥179,500 | 115.81% |

適切な表示形式を設定することで、何を表すデータなのかがひと目で分かる

# 書式を設定する

| レッスン7を参考に、[営業成績テーブル]の[社員名][目標][実績]のフィールドで新規クエリを作成しておく | [目標]と[実績]のフィールドを元に「達成率」という演算フィールドを作成する |
| --- | --- |

| 練習用ファイルを開いておく | **1** ここに「達成率:[実績]/[目標]」と入力 | **2** [プロパティシート]をクリック |
| --- | --- | --- |

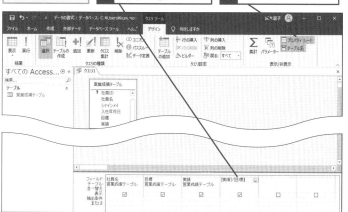

| [プロパティシート]作業ウィンドウが表示された | **3** [書式]をクリック | **4** ここをクリック |
| --- | --- | --- |

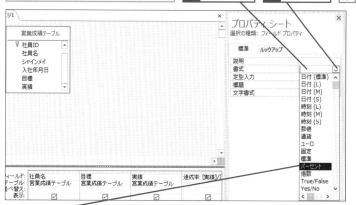

| **5** [パーセント]をクリック | **6** [実行]をクリック | | クエリの実行結果が表示される |
| --- | --- | --- | --- |

# 複数のテーブルを組み合わせて表を作成するには

## リレーションシップの利用

📄 **練習用ファイル** リレーションシップの利用.accdb

## 複数のテーブルにはリレーションシップを設定する

クエリでは、1つのテーブルだけでなく、複数のテーブルを組み合わせて1つの表を作成することができます。複数のテーブルを組み合わせるには、テーブル間にリレーションシップが設定されていることが必要です。リレーションシップが設定されているテーブル同士であれば、見たいフィールドを自由に組み合わせ、参照用の表を簡単に作成できるため、より多くの角度からデータの抽出や分析ができるようになります。

**Before**

**After**

リレーションシップが設定された複数のテーブルから、必要なフィールドを組み合わせたデータを表示できる

| 受注ID | 受注日 | 顧客名 | 受注明細ID | 商品名 | 単価 | 数量 |
|---|---|---|---|---|---|---|
| 1 | 2020/01/10 | 武藤 大地 | 1 | アロエジュース | ¥1,200 | 2 |
| 16 | 2020/02/05 | 伊藤 智成 | 1 | アロエジュース | ¥1,200 | 1 |
| 23 | 2020/02/15 | 新藤 友康 | 1 | アロエジュース | ¥1,200 | 1 |
| 40 | 2020/03/15 | 新藤 友康 | 1 | アロエジュース | ¥1,200 | 2 |
| 41 | 2020/03/16 | 石原 早苗 | 1 | アロエジュース | ¥1,200 | 1 |
| 47 | 2020/03/21 | 新藤 友康 | 2 | アロエジュース | ¥1,200 | 1 |
| 52 | 2020/03/25 | 伊勢谷 学 | 1 | アロエジュース | ¥1,200 | 1 |
| 55 | 2020/03/27 | 佐藤 奈々子 | 2 | アロエジュース | ¥1,200 | 2 |
| 7 | 2020/01/18 | 赤羽 みどり | 3 | アロエゼリー | ¥600 | 4 |
| 12 | 2020/01/29 | 佐藤 奈々子 | 4 | アロエゼリー | ¥600 | 3 |

# 1 新規クエリにテーブルを追加する

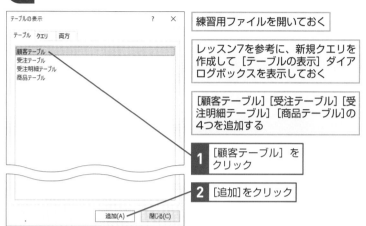

練習用ファイルを開いておく

レッスン7を参考に、新規クエリを作成して[テーブルの表示]ダイアログボックスを表示しておく

[顧客テーブル][受注テーブル][受注明細テーブル][商品テーブル]の4つを追加する

**1** [顧客テーブル]をクリック

**2** [追加]をクリック

[顧客テーブル]が追加された

**3** 同様にして[受注テーブル][受注明細テーブル][商品テーブル]を追加

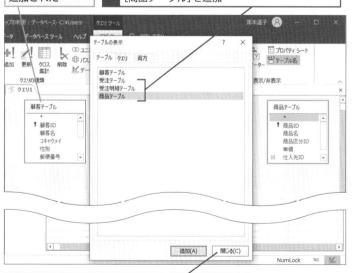

必要なテーブルがすべて追加されたので、[テーブルの表示]ダイアログボックスを閉じる

**4** [閉じる]をクリック

次のページに続く

## 2 フィールドを追加する

| 追加されたテーブルから必要な<br>フィールドを追加していく | **1** | [受注テーブル] の [受注ID] を<br>ダブルクリック |
|---|---|---|

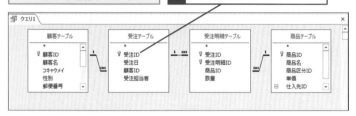

フィールドが追加された

**2** 同様にして [受注テーブル] の [受注日]、[顧客テーブル]の [顧客名]、[受注明細テーブル] の [受注明細ID]、[商品テーブル] の [商品名] [単価]、[受注明細テーブル] の [数量] の順にフィールドを追加

### ♡ Hint!

**レコードの並び順が変わることもある**

複数のテーブルを組み合わせてクエリを実行すると、レコードの並び順が変わったように見えることがあります。これは、一側テーブルの主キー順に表示されるためです。並び順を変更したい場合は、クエリのデザインビューで並べ替えの設定を行いましょう。

# 3 クエリを実行する

必要なフィールドがすべて追加
されたのでクエリを実行する

**1** [実行]を
クリック

| クエリが実行 | リレーションシップが設定された複数のテーブルから、 |
| された | フィールドを組み合わせて表示できた |

## ✦ Hint!

### リレーションシップを設定していないのに結合線が表示されることもある

ここで追加した4つのテーブルは、リレーションシップウィンドウであらか
じめ参照整合性が設定されたリレーションシップが設定されています。その
ため、テーブルを追加したときにテーブル間に結合線が表示されます。しか
し、リレーションシップを設定していない場合でも、以下の条件を満たして
いると、クエリ上で自動的にリレーションシップが設定されます。

・フィールド名が同じ
・少なくとも一方のフィールドが主キー
・フィールドサイズが同じ（テキスト型は除く）

上記の条件を満たしていない場合は、クエリで自動的にリレーションシップ
が設定されません。しかし、結合したいフィールド間をドラッグすることに
より、クエリ上だけでリレーションシップが設定できます。

# 入力した値に対応する
# データを表示させるには
## オートルックアップクエリ

📄 **練習用ファイル オートルックアップクエリ.accdb**

## コードに対応するデータをすぐに参照できる

クエリでは、複数のテーブルを組み合わせて参照用の表を作成するだけでなく、入力用の表も作成できます。オートルックアップクエリは、多側テーブルの結合フィールドと対応する一側テーブルのフィールドから、データが自動参照されます。データを自動参照させることで、内容を確認しながら入力ができるため、入力ミスを防ぐことができます。オートルックアップクエリのポイントとしてデータを入力するのは多側テーブル、参照用に表示するのは一側テーブルであることをしっかり理解しておきましょう。

### Before

| 商品ID | 商品名 | 商品区分ID | 単価 |
|---|---|---|---|
| H001 | アロエジュース | DR | ¥1,200 |
| H002 | アロエゼリー | FB | ¥600 |
| H003 | アロエ茶 | DR | ¥2,000 |
| H004 | ウコン茶 | DR | ¥3,000 |
| H005 | カルシウム | FN | ¥1,800 |
| H006 | コエンザイムQ | FN | ¥1,500 |
| H007 | ダイエットクッキ | FB | ¥5,000 |
| H008 | だったんそば茶 | DR | ¥1,500 |
| H009 | にんにくエキス | FN | ¥1,700 |
| H010 | ビタミンA | FN | ¥1,600 |
| H011 | ビタミンB | FN | ¥1,500 |
| H012 | ビタミンC | FN | ¥1,200 |
| H013 | プルーンエキス | FN | ¥1,400 |
| H014 | プルーンゼリー | FB | ¥600 |
| H015 | マルチビタミン | FN | ¥1,500 |
| H016 | 烏龍茶クッキー | FB | ¥4,000 |
| H017 | ローズヒップ茶 | DR | ¥1,600 |
| H018 | 青汁 | DR | ¥1,800 |
| H019 | 鉄分 | FN | ¥1,800 |
| * | | | |

| 商品区分ID | 商品区分名 | クリックして追加 |
|---|---|---|
| ⊞ DR | ドリンク | |
| ⊞ FB | 美容補助食品 | |
| ⊞ FN | 栄養補助食品 | |
| * | | |

→

### After

| 商品ID | 商品名 | 商品区分ID | 商品区分名 |
|---|---|---|---|
| H001 | アロエジュース | DR | ドリンク |
| H003 | アロエ茶 | DR | ドリンク |
| H004 | ウコン茶 | DR | ドリンク |
| H008 | だったんそば茶 | DR | ドリンク |
| H017 | ローズヒップ茶 | DR | ドリンク |
| H018 | 青汁 | DR | ドリンク |
| H002 | アロエゼリー | FB | 美容補助食品 |
| H007 | ダイエットクッ | FB | 美容補助食品 |
| H014 | プルーンゼリー | FB | 美容補助食品 |
| H016 | 烏龍茶クッキー | FB | 美容補助食品 |
| H005 | カルシウム | FN | 栄養補助食品 |
| H006 | コエンザイムQ | FN | 栄養補助食品 |
| H009 | にんにくエキス | FN | 栄養補助食品 |
| H010 | ビタミンA | FN | 栄養補助食品 |
| H011 | ビタミンB | FN | 栄養補助食品 |
| H012 | ビタミンC | FN | 栄養補助食品 |
| H013 | プルーンエキス | FN | 栄養補助食品 |
| H015 | マルチビタミン | FN | 栄養補助食品 |
| H019 | 鉄分 | FN | 栄養補助食品 |
| 🖉 H020 | 羅漢果ゼリー | FB | 美容補助食品 |
| * | | | |

多側テーブルのデータを入力すると、対応する一側テーブルのデータが自動的に表示される

## ✦ Hint!

**「オートルックアップクエリ」とは**

オートルックアップクエリとは、一対多の関係にある2つのテーブルを元に
作成するクエリにおいて、多側テーブルの結合フィールドにデータを入力す
ると、対応する一側テーブルのデータが自動表示されるクエリです。一側テー
ブルのデータを参照しながら、多側テーブルにデータを入力するためのクエ
リとして使用されます。

# 1 新規クエリを作成する

| 練習用ファイルを<br>開いておく | レッスン7を参考に、新規クエリを作成して [テーブル<br>の表示]ダイアログボックスを表示しておく |

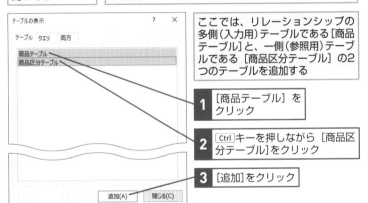

ここでは、リレーションシップの
多側（入力用）テーブルである[商品
テーブル]と、一側（参照用）テーブ
ルである [商品区分テーブル] の2
つのテーブルを追加する

**1** [商品テーブル] を
クリック

**2** Ctrl キーを押しながら [商品区
分テーブル]をクリック

**3** [追加]をクリック

## ⚠ 間違った場合は?

追加するテーブルを間違えた場合は、
削除したいテーブルのフィールドリス
トをクリックして選択し、Delete キー
を押します。

次のページに続く ▶

## 2 多側テーブルと一側テーブルが追加された

必要なテーブルがすべて追加されたので、[テーブルの表示]ダイアログボックスを閉じる

**1** [閉じる]を クリック

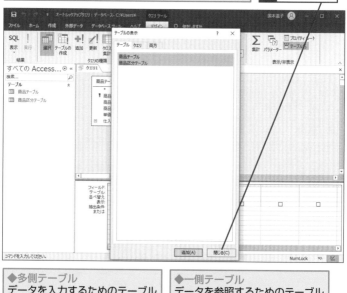

◆多側テーブル
データを入力するためのテーブル

◆一側テーブル
データを参照するためのテーブル

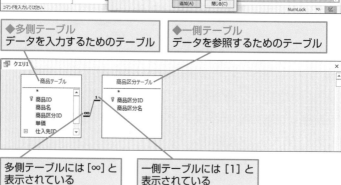

多側テーブルには [∞] と
表示されている

一側テーブルには [1] と
表示されている

**Hint!**

**結合線が表示されていない場合は**

入力用である多側テーブルと参照用である一側テーブルを追加しても、結合線が表示されない場合は、リレーションシップが設定されていません。レッスン4を参考にリレーションシップの設定を行ってください。

## 3 フィールドを追加する

追加されたテーブルから必要なフィールドを追加していく

**1** [商品テーブル]の[商品ID]をダブルクリック

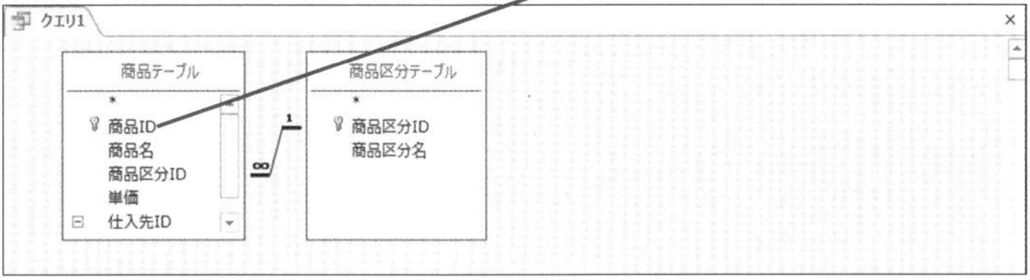


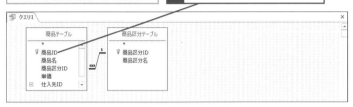

フィールドが追加された

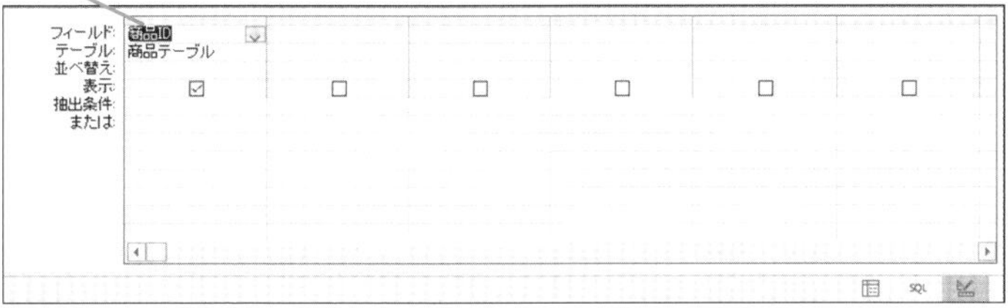


**2** 同様にして[商品テーブル]の[商品名][商品区分ID]、[商品区分テーブル]の[商品区分名]、[商品テーブル]の[単価]の順にフィールドを追加

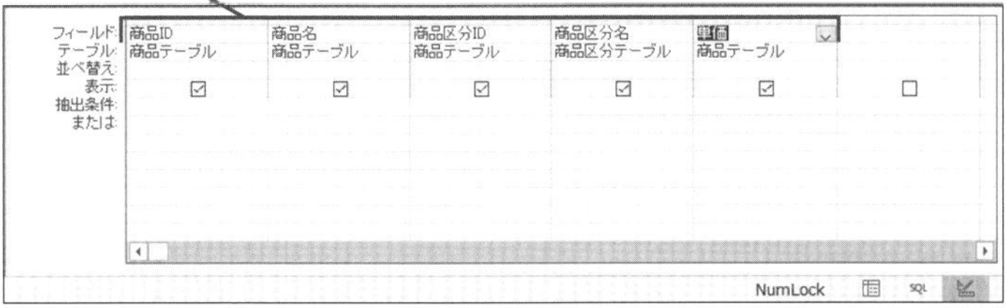


次のページに続く

## 4 クエリを実行する

必要なフィールドがすべて追加されたので
クエリを実行する

**1** [実行] を
クリック

クエリが実行された

| 商品ID | 商品名 | 商品区分ID | 商品区分名 | 単価 |
|--------|--------|-----------|-----------|------|
| H001 | アロエジュース | DR | ドリンク | ¥1,200 |
| H003 | アロエ茶 | DR | ドリンク | ¥2,000 |
| H004 | ウコン茶 | DR | ドリンク | ¥3,000 |
| H008 | だったんそば茶 | DR | ドリンク | ¥1,500 |
| H017 | ローズヒップ茶 | DR | ドリンク | ¥1,600 |
| H018 | 青汁 | DR | ドリンク | ¥1,800 |
| H002 | アロエゼリー | FB | 美容補助食品 | ¥600 |
| H007 | ダイエットクッキー | FB | 美容補助食品 | ¥5,000 |
| H014 | ブルーンゼリー | FB | 美容補助食品 | ¥600 |
| H016 | 烏龍茶クッキー | FB | 美容補助食品 | ¥4,000 |
| H005 | カルシウム | FN | 栄養補助食品 | ¥1,800 |
| H006 | コエンザイムQ | FN | 栄養補助食品 | ¥1,500 |
| H009 | にんにくエキス | FN | 栄養補助食品 | ¥1,700 |
| H010 | ビタミンA | FN | 栄養補助食品 | ¥1,600 |
| H011 | ビタミンB | FN | 栄養補助食品 | ¥1,500 |

### ☼ Hint!

**結合フィールドは多側テーブルから追加する**

このレッスンのクエリでは、[商品テーブル] と [商品区分テーブル] のどちらにも結合フィールドである [商品区分ID] が存在します。両方にあるからといって、[商品区分ID] のフィールドをどちらのフィールドリストから追加してもいいというわけではありません。オートルックアップクエリは、多側テーブルにデータを入力するためのクエリなので、結合フィールドは必ず多側テーブルの [商品テーブル] から追加します。

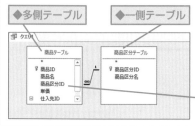

◆多側テーブル　　◆一側テーブル

データを入力することが目的のため、結合フィールドは必ず多側テーブルから追加する

# 5 追加でデータを入力する

多側テーブルのフィールドにデータを
新しく入力して、正しく参照されるこ
とを確認する

[商品ID]に「H020」、[商品
名]に「羅漢香ゼリー」と入力
しておく

| 商品ID | 商品名 | 商品区分ID | 商品区分名 | 単価 |
|---|---|---|---|---|
| H001 | アロエジュース | DR | ドリンク | ¥1,200 |
| H003 | アロエ茶 | DR | ドリンク | ¥2,000 |
| H004 | ウコン茶 | DR | ドリンク | ¥3,000 |
| H008 | だったんそば茶 | DR | ドリンク | ¥1,500 |
| H017 | ローズヒップ茶 | DR | ドリンク | ¥1,600 |
| H018 | 青汁 | DR | ドリンク | ¥1,800 |
| H002 | アロエゼリー | FB | 美容補助食品 | ¥600 |
| H007 | ダイエットクッキー | FB | 美容補助食品 | ¥5,000 |
| H014 | ブルーンゼリー | FB | 美容補助食品 | ¥600 |
| H016 | 烏龍茶クッキー | FB | 美容補助食品 | ¥4,000 |
| H005 | カルシウム | FN | 栄養補助食品 | ¥1,800 |
| H006 | コエンザイムQ | FN | 栄養補助食品 | ¥1,500 |
| H009 | にんにくエキス | FN | 栄養補助食品 | ¥1,700 |
| H010 | ビタミンA | FN | 栄養補助食品 | ¥1,600 |
| H011 | ビタミンB | FN | 栄養補助食品 | ¥1,500 |
| H012 | ビタミンC | FN | 栄養補助食品 | ¥1,200 |
| H013 | プルーンエキス | FN | 栄養補助食品 | ¥1,400 |
| H015 | マルチビタミン | FN | 栄養補助食品 | ¥1,500 |
| H019 | 鉄分 | FN | 栄養補助食品 | ¥1,800 |
| H020 | 羅漢果ゼリー | FB | | |

**1** 商品区分ID]に
「FB」と入力

**2** Tab キーを
押す

| 商品ID | 商品名 | 商品区分ID | 商品区分名 | 単価 |
|---|---|---|---|---|
| H001 | アロエジュース | DR | ドリンク | ¥1,200 |
| H003 | アロエ茶 | DR | ドリンク | ¥2,000 |
| H004 | ウコン茶 | DR | ドリンク | ¥3,000 |
| H008 | だったんそば茶 | DR | ドリンク | ¥1,500 |
| H017 | ローズヒップ茶 | DR | ドリンク | ¥1,600 |
| H018 | 青汁 | DR | ドリンク | ¥1,800 |
| H002 | アロエゼリー | FB | 美容補助食品 | ¥600 |
| H007 | ダイエットクッキー | FB | 美容補助食品 | ¥5,000 |
| H014 | ブルーンゼリー | FB | 美容補助食品 | ¥600 |
| H016 | 烏龍茶クッキー | FB | 美容補助食品 | ¥4,000 |
| H005 | カルシウム | FN | 栄養補助食品 | ¥1,800 |
| H006 | コエンザイムQ | FN | 栄養補助食品 | ¥1,500 |
| H009 | にんにくエキス | FN | 栄養補助食品 | ¥1,700 |
| H010 | ビタミンA | FN | 栄養補助食品 | ¥1,600 |
| H011 | ビタミンB | FN | 栄養補助食品 | ¥1,500 |
| H012 | ビタミンC | FN | 栄養補助食品 | ¥1,200 |
| H013 | プルーンエキス | FN | 栄養補助食品 | ¥1,400 |
| H015 | マルチビタミン | FN | 栄養補助食品 | ¥1,500 |
| H019 | 鉄分 | FN | 栄養補助食品 | ¥1,800 |
| H020 | 羅漢果ゼリー | FB | 美容補助食品 | |

「FB」に対応する[商品区分名]の「美容補助食品」
というデータが一側テーブルから自動参照された

# テーブルやクエリの結果を Excelで利用するには

Excelとの連携

📄 練習用ファイル Excelとの連携.accdb

## Excelと連携させてデータを活用する

Excelには、豊富なデータ分析機能が用意されています。AccessのデータをExcelと連携して使用できれば、Excelを使って集計したり、グラフを作成したりと、さまざまな形でデータを分析、活用できます。AccessのデータをExcelで使用するには、Accessのデータをエクスポートします。エクスポートの機能によってExcelファイルとしてデータを出力できます。エクスポートしたデータはAccessの元データと関係なく、自由に加工することができます。Accessのデータを有効活用するために、エクスポートを利用しデータを連携させる方法をマスターしましょう。

### Before

クエリの結果を Excel 形式で書き出すことができる

### After

書き出したファイルを Excelで開いてデータを活用できる

# 1 書き出すデータを選択する

練習用ファイルを開いておく

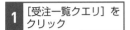

**1** [受注一覧クエリ] を
クリック

**2** [外部データ] タブを
クリック

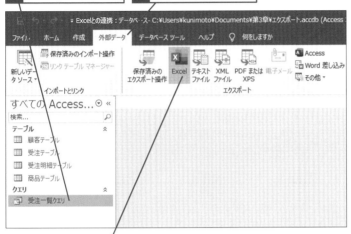

**3** [Excel ]をクリック

# 2 データ形式と保存場所を設定する

[エクスポート] ダイアログ
ボックスが表示された

ファイル名とファイル形式を
確認しておく

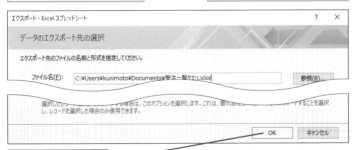

エクスポート - Excel スプレッドシート                                   ?   ×

データのエクスポート先の選択

エクスポート先のファイルの名前と形式を指定してください。

ファイル名(F): C:¥Users¥kunimoto¥Documents¥受注一覧クエリ.xlsx    参照(R)...

選択したレコード □■□□□□□□する場合は、このオプションを選択します。これは、書式設定□□□□□□□□ポートすることを選択
し、レコードを選択した場合のみ使用できます。

                                               OK      キャンセル

**1** [OK]をクリック

**15**

Excelとの連携

# 3 データの書き出しを完了する

データの書き出しが完了した

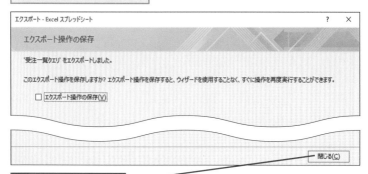

エクスポート - Excel スプレッドシート                                    ?  ×

エクスポート操作の保存

'受注一覧クエリ' をエクスポートしました。

このエクスポート操作を保存しますか? エクスポート操作を保存すると、ウィザードを使用することなく、すぐに操作を再度実行することができます。

☐ エクスポート操作の保存(V)

閉じる(C)

**1** [閉じる]をクリック

## ⛄ Hint!

### テキストファイルにエクスポートするには

手順1の画面で［テキストファイル］ボタンをクリックすると、データをテキストファイルにエクスポートできます。この場合、手順2のあと、［テキストエクスポートウィザード］が起動し、エクスポートの形式を選択する画面が表示されます。テキストファイルは、いろいろなアプリで読み込めるファイル形式なので、利用範囲が広がります。

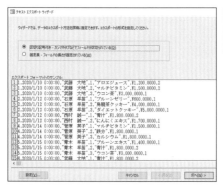

［テキストエクスポートウィザード］で出力形式を設定する

# 4 Excelでデータを開く

Excelを起動してエクスポート
したファイルを開く

ファイル名と同名のシートに
データが書き出されている

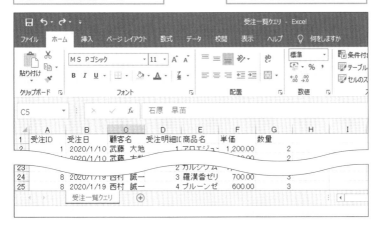

## ☼ Hint!

### データを整えてからエクスポートできる

クエリのデータをエクスポートする前に、レッスン9を参考にクエリをデザインビューで表示し、並べ替えの設定をしてデータの並びを整えておきましょう。Excelで開いたときにデータが整えられていれば、利用しやすくなります。

[デザインビュー] を使うとデータの
並べ替えが簡単にできる

## この章のまとめ

# 選択クエリで欲しい情報を抽出しよう

クエリを使うと、データベースに格納されている何千、何万件のデータの中から必要な情報を瞬時に取り出せます。クエリはデータを活用するための最も重要なオブジェクトです。その中でも選択クエリは、クエリの基本となります。テーブルから必要なフィールドだけを表示したり、あるフィールドを基準に並べ替えをしてデータの整理を行ったりできるほか、条件を満たすレコードの絞り込みも行えます。あるいは、フィールドの値を元に演算することで、新しいデータを作ることもできます。リレーションシップを設定した複数のテーブルから、フィールドを組み合わせた表を作成するのも選択クエリで行います。

### クエリの基本を覚える

基本的な選択クエリで
必要なデータを抽出する

# 必要なデータを
# 正確に抽出する

データベースに蓄積されている大量の
データは、必要なデータを取り出すこと
で有効活用できます。Accessではクエ
リによってデータを取り出せます。ここ
では必要なデータを正確に抽出するため
に、クエリの抽出条件を設定する方法を
説明します。

# 抽出に必要な条件を確認しよう

## 抽出条件の設定

## テーブルから自在にデータを取り出す

テーブルは、「名前」「住所」「生年月日」など、さまざまな種類のフィールドで構成されています。例えば、「1980年生まれの東京または大阪に住む人」を抽出したい場合、単純な条件だけでは抽出できないように思えます。しかし、複雑な抽出条件であっても、抽出条件の設定方法さえ分かっていれば、1つ1つの抽出条件を組み合わせることで解決できます。この章では、目的のデータを抽出するために利用する機能や演算子などをまとめて紹介します。

第3章 必要なデータを正確に抽出する

●テーブル

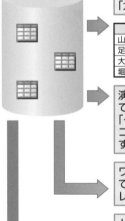

AND条件やOR条件を利用して「男性」かつ「ゴールド」、「大阪府」か「兵庫県」といったレコードを抽出する

| 氏名 | 性別 | 会員種別 |
|---|---|---|
| 山崎　俊明 | 男 | ゴールド |
| 足立　康介 | 男 | ゴールド |
| 大橋　孝雄 | 男 | ゴールド |
| 堀口　慶介 | 男 | ゴールド |

| 氏名 | 都道府県 |
|---|---|
| 吉村　香苗 | 大阪府 |
| 大川　裕也 | 兵庫県 |
| 服部　英之 | 大阪府 |
| 吉原　孝太郎 | 兵庫県 |

演算子を使って「〜以外」や「〜以降」のレコードを抽出する

| 会員ID | 支払方法 |
|---|---|
| 1003 | 現金振込 |
| 1004 | 代金引換 |
| 1006 | 電子マネー |
| 1012 | 現金振込 |

| 会員ID | 登録日 |
|---|---|
| 1043 | 2020/04/01 |
| 1044 | 2020/04/05 |
| 1045 | 2020/04/15 |
| 1046 | 2020/04/30 |

ワイルドカードを利用して、「渋谷区」から始まるレコードを抽出する

| 氏名 | 住所 |
|---|---|
| 山崎　俊明 | 渋谷区千駄ヶ谷 X-X |
| 角田　壮介 | 渋谷区西原 X-X |
| 久代　智恵 | 渋谷区神宮前 X-X |

トップ値の機能で、注文実績のトップ5を調べる

| 会員ID | 注文実績 |
|---|---|
| 1035 | ¥323,300 |
| 1024 | ¥279,700 |
| 1033 | ¥277,200 |
| 1004 | ¥200,000 |
| 1037 | ¥195,300 |

# 誰でもデータを取り出せるように入力画面を作る

「目的に応じて、抽出条件を素早く切り替えたい」「Accessに不慣れな人でも、抽出条件を簡単に設定できるようにしたい」……。そんなときは、クエリの実行時に抽出条件を指定できるようにしておくと便利です。パラメータークエリを使用すると、クエリの実行時に入力画面が表示され、条件をその都度指定できます。クエリの抽出条件の設定方法を知らなくても、入力画面の指示に従って条件を入力するだけなので簡単です。パラメータークエリによって誰でも簡単にデータを取り出せるようになり、データベースをより有効に活用できるでしょう。

> クエリの実行時に抽出条件を入力できる
> ダイアログボックスを表示できる

「2020年4月1日以降」という条件を指定する

> 2020年4月1日以降の
> 登録日が表示される

| 氏名 | 登録日 |
|------|--------|
| 田口　亜美 | 2020/04/01 |
| 松井　和樹 | 2020/04/05 |
| 久代　智恵 | 2020/04/15 |
| 金城　巧 | 2020/04/30 |
| 宮原　浩太 | 2020/05/07 |
| 藤野　梨絵 | 2020/05/10 |

## ☀ Hint!

### AND、OR、NOTの範囲をベン図で確認する

AND条件、OR条件、NOT条件は、図にするとイメージしやすくなります。右図では、AとBという2つの条件が円で表されています。それぞれ円の内部が条件成立を表し、円の外部が不成立を表します。

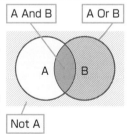

「A And B」というAND条件は、AとB両方の条件が成立する場合に成立します。図では、Aの円とBの円の重なった部分がAND条件の成立する部分です。「A Or B」というOR条件は、AまたはBの少なくとも1つが成立する場合に成立します。図では、グレーの太枠内がOR条件の成立する部分です。「Not A」というNOT条件は、「Aでない」という条件です。図では、Aの円の外部（斜線部分）がNOT条件の成立する部分となります。

# 「AかつB」のデータを抽出するには

## AND条件

📄 練習用ファイル AND条件.accdb

## 複数条件をすべて満たすデータを抽出する

クエリで複数の抽出条件を指定するとき、「条件Aかつ条件B」というように、指定した条件をすべて満たすレコードを抽出する条件設定をAND条件といいます。

AND条件のポイントは、同じ行に条件式を設定することです。条件が3つ、4つと増えた場合でも、同じ行に抽出条件を設定することで、すべての条件を満たすレコードを抽出できます。

### Before

| 会員ID | 氏名 | 性別 | 会員種別 |
|---|---|---|---|
| 1001 | 山崎 俊明 | 男 | ゴールド |
| 1002 | 土田 恵美 | 女 | レギュラー |
| 1003 | 大崎 優子 | 女 | レギュラー |
| 1004 | 野中 健一 | 男 | ダイヤモンド |
| 1005 | 大谷 紀香 | 女 | レギュラー |
| 1006 | 福本 正二 | 男 | レギュラー |
| 1007 | 吉村 香苗 | 女 | ダイヤモンド |
| 1008 | 竹内 孝 | 男 | レギュラー |

性別が「男」で、会員種別が「ゴールド」のレコードを抽出したい

### After

| 会員ID | 氏名 | 性別 | 会員種別 |
|---|---|---|---|
| 1001 | 山崎 俊明 | 男 | ゴールド |
| 1014 | 足立 康介 | 男 | ゴールド |
| 1023 | 大橋 孝雄 | 男 | ゴールド |
| 1041 | 堀口 慶介 | 男 | ゴールド |
| 1042 | 原口 正義 | 男 | ゴールド |
| 1044 | 松井 和樹 | 男 | ゴールド |
| 1049 | 坂口 信也 | 男 | ゴールド |

[性別] フィールドと [会員種別] フィールドの [抽出条件] 行に条件を入力することで、条件を満たすレコードを抽出できる

# AND条件を設定する

| 練習用ファイルを開いておく | レッスン7を参考に、[会員テーブル]で新規クエリを作成して[会員ID][氏名][性別][会員種別]のフィールドを追加しておく |
| --- | --- |

| ここでは、性別が「男」かつ会員種別が「ゴールド」のレコードだけを抽出する | **1** [性別]フィールドの[抽出条件]行をクリック |
| --- | --- |

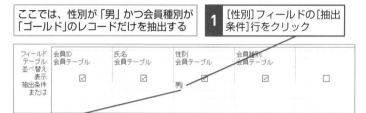

**2** 「男」と入力　**3** Enter キーを押す

| カーソルが[会員種別]フィールドの[抽出条件]行に移動した | **4** 「ゴールド」と入力 | **5** Enter キーを押す |
| --- | --- | --- |

| AND条件が設定された | **6** [実行]をクリック |
| --- | --- |

性別が「男」かつ会員種別が「ゴールド」のレコードが抽出される

---

⚠ 間違った場合は?

思い通りの抽出結果が得られなかった場合、抽出条件が間違っているか、条件を同じ行に設定していない可能性があります。デザインビューに切り替えて抽出条件を確認し、設定し直します。

# 「AまたはB」のデータを抽出するには

OR条件

📄 練習用ファイル　OR条件.accdb

## 複数条件のいずれかを満たすデータを抽出する

複数の抽出条件の組み合わせ方には、前のレッスン17で紹介したAND条件のほかに、OR条件があります。OR条件では、「条件Aまたは条件B」のように、指定したうちの少なくとも1つの条件を満たすレコードを抽出できます。

OR条件を設定する上でのポイントは、異なる行に条件式を設定することです。条件が3つ、4つと増えた場合は、[または] 行の下にある行を使用してください。

### Before

| 会員ID | 氏名 | 都道府県 | 住所 |
|---|---|---|---|
| 1001 | 山崎 俊明 | 東京都 | 渋谷区千駄ヶ谷X-X |
| 1002 | 土田 恵美 | 奈良県 | 桜井市竜谷X-X |
| 1003 | 大崎 優子 | 岩手県 | 盛岡市中堤町X-X |
| 1004 | 野中 健一 | 埼玉県 | 久喜市本町X-X |
| 1005 | 大谷 紀香 | 鳥取県 | 東伯都琴浦町倉坂X-X |
| 1006 | 福本 正二 | 東京都 | 調布市菊野台X-X |
| 1007 | 吉村 香苗 | 大阪府 | 箕面市小原東X-X |
| 1008 | 竹内 孝 | 宮崎県 | 都城市高城町四家X-X |

都道府県が「大阪府」または「兵庫県」のレコードを抽出したい

### After

| 会員ID | 氏名 | 都道府県 | 住所 |
|---|---|---|---|
| 1007 | 吉村 香苗 | 大阪府 | 箕面市小原東X-X |
| 1010 | 大川 裕也 | 兵庫県 | 神戸市西区櫨谷町池谷X-X |
| 1019 | 服部 英之 | 大阪府 | 高槻市大和X-X |
| 1022 | 吉原 幸太郎 | 兵庫県 | 神戸市灘区薬師通X-X |
| 1023 | 大橋 孝雄 | 大阪府 | 茨木市若園町X-X |
| 1046 | 金城 巧 | 大阪府 | 岸和田市作才町X-X |

[都道府県] フィールドの [抽出条件] 行と [または] 行に条件を入力して、複数条件のいずれかを満たすレコードを抽出できる

# OR条件を設定する

| 練習用ファイルを開いておく | レッスン7を参考に、[会員テーブル] で新規クエリを作成して [会員ID] [氏名] [都道府県] [住所] のフィールドを追加しておく |
| --- | --- |

ここでは、都道府県が「大阪府」または「兵庫県」のレコードだけを抽出する

**1** [都道府県] フィールドの [抽出条件] 行をクリック

| フィールド: | 会員ID | 氏名 | 都道府県 | 住所 | |
| --- | --- | --- | --- | --- | --- |
| テーブル: | 会員テーブル | 会員テーブル | 会員テーブル | 会員テーブル | |
| 並べ替え: | | | | | |
| 表示: | ☑ | ☑ | ☑ | ☑ | ☐ |
| 抽出条件: | | | 大阪府 | | |
| または: | | | | | |

**2** 「大阪府」と入力　**3** Enter キーを押す

**4** [都道府県] フィールドの [または] 行をクリック　**5** 「兵庫県」と入力　**6** Enter キーを押す

| フィールド: | 会員ID | 氏名 | 都道府県 | 住所 | |
| --- | --- | --- | --- | --- | --- |
| テーブル: | 会員テーブル | 会員テーブル | 会員テーブル | 会員テーブル | |
| 並べ替え: | | | | | |
| 表示: | ☑ | ☑ | ☑ | ☑ | ☐ |
| 抽出条件: | | | "大阪府" | | |
| または: | | | 兵庫県 | | |

OR条件が設定された　**7** [実行] をクリック

都道府県が「大阪府」または「兵庫県」のレコードが抽出される

## ⚜ Hint!

### 異なるフィールドにOR条件を設定するには

このレッスンでは同じフィールドにOR条件を指定しましたが、異なるフィールドに指定することも可能です。例えば、「ダイヤモンド会員またはクレジットカード会員を抽出したい」というときは、[会員種別] フィールドの [抽出条件] 行に「ダイヤモンド」、[支払方法] フィールドの [または] 行に「クレジットカード」と入力します。

# 複数の条件を組み合わせてデータを抽出するには

組み合わせ条件

📄 練習用ファイル **組み合わせ条件.accdb**

## 組み合わせ条件で複雑な設定ができる

レッスン17で「AかつB」を抽出するAND条件、レッスン18で「AまたはB」を抽出するOR条件を紹介しましたが、実際の業務ではさらに複雑な条件でデータを抽出したいこともあります。そんなときのために、AND条件とOR条件を組み合わせた条件設定をマスターしておきましょう。複雑な条件でも、AND条件とOR条件の組み合わせで表現できます。そのためには複数の条件のうち、どれとどれがAND条件の関係にあり、どれとどれがOR条件の関係にあるか、条件の関係を明確にすることが大切です。

### Before

| 会員ID | 氏名 | 都道府県 | DM希望 |
|---|---|---|---|
| 1001 | 山崎 俊明 | 東京都 | ☑ |
| 1002 | 土田 恵美 | 奈良県 | ☑ |
| 1003 | 大崎 優子 | 岩手県 | ☑ |
| 1004 | 野中 健一 | 埼玉県 | ☐ |
| 1005 | 大谷 紀香 | 鳥取県 | ☑ |
| 1006 | 福本 正二 | 東京都 | ☑ |
| 1007 | 吉村 香苗 | 大阪府 | ☑ |
| 1008 | 竹内 孝 | 宮崎県 | ☑ |

> 都道府県が「東京都」か「神奈川県」で、[DM希望]にチェックマークが付いているレコードを抽出したい

### After

| 会員ID | 氏名 | 都道府県 | DM希望 |
|---|---|---|---|
| 1001 | 山崎 俊明 | 東京都 | ☑ |
| 1006 | 福本 正二 | 東京都 | ☑ |
| 1014 | 足立 康介 | 神奈川県 | ☑ |
| 1017 | 井口 絵里 | 神奈川県 | ☑ |
| 1026 | 野中 正信 | 東京都 | ☑ |
| 1029 | 角田 壮介 | 東京都 | ☑ |
| 1043 | 田口 亜美 | 東京都 | ☑ |

> AND条件とOR条件を組み合わせることで、目的のレコードを抽出できる

# 組み合わせた条件を設定する

| 練習用ファイルを開いておく | レッスン7を参考に、[会員テーブル]で新規クエリを作成して[会員ID][氏名][都道府県][DM希望]のフィールドを追加しておく |
| --- | --- |

ここでは、都道府県が「東京都」または「神奈川県」であり、[DM希望]にチェックマークが付いているレコードだけを抽出する

| **1** [都道府県]フィールドの[抽出条件]行をクリック | **2** 「東京都」と入力 | **3** Enter キーを押す |
| --- | --- | --- |

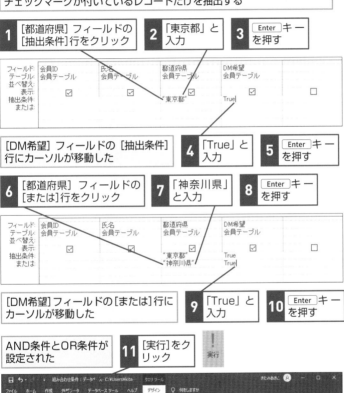

| フィールド: | 会員ID | 氏名 | 都道府県 | DM希望 | |
| --- | --- | --- | --- | --- | --- |
| テーブル: | 会員テーブル | 会員テーブル | 会員テーブル | 会員テーブル | |
| 並べ替え: | | | | | |
| 表示: | ☑ | ☑ | ☑ | ☑ | ☐ |
| 抽出条件: | | | "東京都" | True | |
| または: | | | | | |

| [DM希望]フィールドの[抽出条件]行にカーソルが移動した | **4** 「True」と入力 | **5** Enter キーを押す |
| --- | --- | --- |

| **6** [都道府県]フィールドの[または]行をクリック | **7** 「神奈川県」と入力 | **8** Enter キーを押す |
| --- | --- | --- |

| フィールド: | 会員ID | 氏名 | 都道府県 | DM希望 | |
| --- | --- | --- | --- | --- | --- |
| テーブル: | 会員テーブル | 会員テーブル | 会員テーブル | 会員テーブル | |
| 並べ替え: | | | | | |
| 表示: | ☑ | ☑ | ☑ | ☑ | ☐ |
| 抽出条件: | | | "東京都" | True | |
| または: | | | "神奈川県" | True | |

| [DM希望]フィールドの[または]行にカーソルが移動した | **9** 「True」と入力 | **10** Enter キーを押す |
| --- | --- | --- |

| AND条件とOR条件が設定された | **11** [実行]をクリック |
| --- | --- |

都道府県が「東京都」または「神奈川県」であり、[DM希望]にチェックマークが付いているレコードが抽出される

# 指定した条件以外の
# データを抽出するには

## Not演算子

📄 練習用ファイル Not演算子.accdb

## 「〜でない」という意味を付け加える

いくつかのデータの中から「○○以外」のレコードを抽出したいことがあります。下の [Before] の図を見てください。[支払方法] フィールドに「クレジットカード」「現金振込」「代金引換」「電子マネー」などのデータが入力されています。ここから「クレジットカード」以外のデータを抽出するときに、「現金振込」または「代金引換」または……、と1つ1つのデータを列挙するのは面倒です。こんなときは、抽出条件にNot演算子を使用しましょう。抽出条件の前に半角で「Not 」と記述することで、「〜ではない」という意味を付加できます。

### After

| 会員ID | 氏名 | 支払方法 |
|---|---|---|
| 1003 | 大崎 優子 | 現金振込 |
| 1004 | 野中 健一 | 代金引換 |
| 1006 | 福本 正二 | 電子マネー |
| 1012 | 遠藤 由紀子 | 現金振込 |
| 1017 | 井口 絵里 | 代金引換 |
| 1025 | 北村 里香 | 現金振込 |
| 1031 | 大内 智一 | 電子マネー |
| 1042 | 原口 正義 | 代金引換 |
| 1048 | 藤野 梨絵 | 現金振込 |

「Not クレジットカード」という
条件を指定して、目的のレコード
を抽出できる

●このレッスンで使う演算子

| 構文 | Not 条件 |
|---|---|
| 例 | Not " クレジットカード " |
| 説明 | 指定したフィールドが「クレジットカード」ではないレコードを抽出する |

# Not演算子を設定する

| 練習用ファイルを<br>開いておく | レッスン7を参考に、[会員] テーブルで新規クエリを<br>作成して [会員ID] [氏名] [支払方法] のフィールドを<br>追加しておく |
|---|---|

| ここでは、支払方法が「クレジットカード<br>ではない」という条件を設定する | **1** [支払方法] フィールドの<br>[抽出条件]行をクリック |
|---|---|

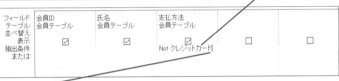

| **2** 「Not クレジット<br>カード」と入力 | 「Not」と「クレジットカード」の<br>間は半角スペースを入力する | **3** Enter キー<br>を押す |
|---|---|---|

| クエリを<br>実行する | **4** [実行] をク<br>リック |  |
|---|---|---|

支払方法がクレジットカードではない
レコードが抽出される

---

### ✦ Hint!

#### 「Not」の代わりに「<>」を使ってもいい

「Not」の代わりに、「<>」を記述しても構いません。「Not "クレジットカード"」の代わりに「<>"クレジットカード"」と入力しても同じ結果となります。「Not」も「<>」も使い方は同じです。なお、Not演算子を使用するときは、Notの後ろに半角スペースを入れる必要がありますが、「<>」を使用するときは、「<>」の後ろに半角スペースを入れる必要がありません。

# 空白のデータを抽出するには

## Is Null

📄 練習用ファイル IsNull.accdb

## データが未入力のレコードを抽出できる

入力漏れがないかどうかチェックするときや、未入力のフィールドに後からまとめてデータを入力するときなどに、該当するフィールドが未入力になっているレコードを抽出したいことがあります。そんなときは、「Is Null」という抽出条件を使用して「Null値」を抽出します。Null値とは、フィールドにデータが入力されていない状態のことです。「Is Null」は「Null値」を抽出する条件、と覚えるといいでしょう。なお、見ためは空白でも、長さ0の文字列「""」が入力されている場合もあります。これとの違いも確認しておきましょう。

**After**

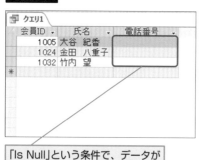

●このレッスンで使う演算子

| 構文 | Is Null |
|---|---|
| 説明 | 指定したフィールドに何も入力されていないレコードを抽出する |

「Is Null」という条件で、データが未入力のレコードを抽出できる

# Is Nullを設定する

練習用ファイルを開いておく

レッスン7を参考に、[会員テーブル] で新規クエリを作成して [会員ID] [氏名] [電話番号]のフィールドを追加しておく

ここでは、電話番号が未入力のレコードを抽出する

**1** [電話番号] フィールドの [抽出条件]行をクリック

**2** 「Is Null」と入力

**3** Enter キーを押す

| フィールド: | 会員ID | 氏名 | 電話番号 | | |
|---|---|---|---|---|---|
| テーブル: | 会員テーブル | 会員テーブル | 会員テーブル | | |
| 並べ替え: | | | | | |
| 表示: | ☑ | ☑ | ☑ | ☐ | ☐ |
| 抽出条件: | | | Is Null | | |
| または: | | | | | |

抽出条件が設定された

**4** [実行] を クリック

電話番号が未入力のレコードが抽出される

## ☆ Hint!

### 長さ0の文字列や空白を抽出するには

Accessでは、データの状態の違いをNull値（未入力）と長さ0の文字列「""」とで区別することがあります。例えば、電話番号を持っていない人の [電話番号] フィールドに「""」（半角のダブルクォーテーション2つ）を入力します。Enter キーを押すと、長さ0の文字列が入力され、「""」は非表示になります。見ためは未入力の場合と同じ空白ですが、「Is Null」で抽出されるデータが電話番号不明、「""」で抽出されるデータが電話番号なし、と区別できます。ちなみに、スペース（空白文字）が入力されている場合も、見ためが空白になります。スペースのデータは、「" "」という条件で抽出できます。

長さ0の文字列は「""」と入力して抽出する

スペースは「" "」と入力して抽出する

| 氏名 | 電話番号 | | |
|---|---|---|---|
| 会員テーブル | 会員テーブル | | |
| ☑ | "" | ☑ | ☐ |

| 氏名 | 電話番号 | | |
|---|---|---|---|
| 会員テーブル | 会員テーブル | | |
| ☑ | " " | ☑ | ☐ |

# 「〜以上」や「〜以下」の データを抽出するには

### 比較演算子

📄 **練習用ファイル** 比較演算子.accdb

## 比較演算子を使って、条件に幅を持たせる

日付や数値のフィールドでは、「○日以降」や「○以上」というように、幅を持たせた条件で抽出したいことがあります。比較演算子を使用すると、そのような抽出条件を指定できます。例えば、「以降」や「以上」を指定するには、半角の「>」と半角の「=」を組み合わせた「>=」という比較演算子を使用します。「大きい」「小さい」といった大小関係のほか、「等しい」「等しくない」などの条件を指定する比較演算子もあります。比較演算子による抽出は利用シーンが多いので、使い方をしっかりマスターしておきましょう。

### After

比較演算子と日付を指定して目的の
レコードを抽出できる

●このレッスンで使う演算子

| 例 | >=#2020/04/01# |
|---|---|
| 説明 | 指定したフィールドから「2020年4月1日以降」のレコードを抽出する |

●比較演算子の種類

| 比較演算子 | 意味 |
|---|---|
| = | 等しい |
| < | より小さい |
| > | より大きい |
| <= | 以下 |
| >= | 以上 |
| <> | 等しくない |

# 比較演算子を設定する

| 練習用ファイルを開いておく | レッスン7を参考に、[会員テーブル]で新規クエリを作成して[会員ID][氏名][登録日]のフィールドを追加しておく |
|---|---|

| ここでは、登録日が「2020年4月1日以降」のレコードだけを抽出する | **1** [登録日]フィールドの[抽出条件]行をクリック |
|---|---|

| フィールド: | 会員ID | 氏名 | 登録日 | | |
|---|---|---|---|---|---|
| テーブル: | 会員テーブル | 会員テーブル | 会員テーブル | | |
| 並べ替え: | | | | | |
| 表示: | ☑ | ☑ | ☑ | ☐ | ☐ |
| 抽出条件: | | | >=2020/4/1 | | |
| または: | | | | | |

**2** 「>=2020/4/1」と入力　**3** Enter キーを押す

| 抽出条件が設定された | **4** [実行]をクリック |
|---|---|

実行

| 登録日が「2020年4月1日以降」のレコードが抽出される |
|---|

## ☀ Hint!

### And演算子やOr演算子を組み合わせて複雑な条件を設定できる

比較演算子には、And演算子やOr演算子を組み合わせることができます。例えば、「2020年4月1日以降、かつ、2020年5月1日より前」という条件は、And演算子を使って「>=#2020/04/01# And <#2020/05/01#」と記述します。

And演算子やOr演算子を比較演算子と組み合わせれば、より複雑な条件を設定できるのです。なお、And演算子やOr演算子の前後には半角のスペースを入力します。

| 氏名 | 登録日 |
|---|---|
| 会員テーブル | 会員テーブル |
| ☑ | ☑ |
| | >=#2020/04/01# And <#2020/05/01# |

| And演算子やOr演算子を組み合わせれば、複雑な条件を設定できる |
|---|

# 一定範囲内のデータを抽出するには

## Between And演算子

📄 練習用ファイル BetweenAnd演算子.accdb

## 期間や範囲を簡単に指定できる

レッスン22で「○以上」や「○より大きい」などの条件に使用する比較演算子を紹介しましたが、「○以上○以下」といった範囲を抽出するなら、Between And演算子が便利です。2つの数値、または2つの日付を指定するだけで、数値や日付の範囲を条件にして簡単に抽出を行えます。けたの大きい数値や日付を指定する場合、条件式が長くなりがちですが、そんなときは次ページのHINT!のように［ズーム］ダイアログボックスを使用してみましょう。広い画面で式全体を見ながら効率よく入力できます。

### After

| 🔲 クエリ1 | | |
|---|---|---|
| 会員ID ▾ | 氏名 ▾ | 注文実績 ▾ |
| 1004 | 野中 健一 | ¥200,000 |
| 1007 | 吉村 香苗 | ¥103,200 |
| 1017 | 井口 絵里 | ¥100,000 |
| 1037 | 星野 美里 | ¥195,300 |
| 1043 | 田口 亜美 | ¥157,400 |
| 1047 | 宮原 浩太 | ¥114,800 |
| 1050 | 白井 剛士 | ¥178,600 |
| * | | |

Between And演算子で「10万以上〜20万以下」という範囲のレコードを抽出できる

●このレッスンで使う演算子

| 構文 | Between 条件 1 And 条件 2 |
|---|---|
| 例 | Between 100000 And 200000 |
| 説明 | 指定したフィールドから「100000 以上〜200000 以下」のレコードを抽出する |

# Between And演算子を設定する

| 練習用ファイルを開いておく | レッスン7を参考に、[会員テーブル] で新規クエリを作成して [会員ID][氏名][注文実績]のフィールドを追加しておく |
|---|---|

| ここでは、注文実績が「10万以上〜 20万以下」のレコードを抽出する | **1** [注文実績]フィールドの境界線をここまでドラッグ |
|---|---|

| **2** [注文実績] フィールドの [抽出条件]行をクリック | **3** 「Between 100000 And 200000」と入力 | **4** Enter キーを押す |
|---|---|---|

| 抽出条件が設定された | **5** [実行] をクリック |  |
|---|---|---|

注文実績が「10万以上〜 20万以下」のレコードが抽出される

## ✦ Hint!

### 指定範囲「以外」を抽出するには

Between And演算子の前にNot演算子を付け加えることで、指定範囲以外のデータを抽出できます。例えば「100000以上200000以下ではない」場合は「Not Between 100000 And 200000」と記述します。

## ✦ Hint!

### [ズーム]ダイアログボックスで入力するには

[ズーム]ダイアログボックスは、演算フィールドを作成する場合や、抽出条件を設定する場合などに入力欄を拡大する画面です。入力欄を拡大することで、数式や抽出条件が入力しやすくなります。[ズーム]ダイアログボックスは入力欄をクリックしてから Shift + F2 キーを押すと表示できます。

# 特定の文字を含む
# データを抽出するには

ワイルドカード

📄 練習用ファイル　ワイルドカード.accdb

## ワイルドカードで条件を柔軟に設定できる

番地まで入力されている [住所] フィールドで、「渋谷区」のデータを取り出すとき、抽出条件を単に「渋谷区」とすると、うまくいきません。「渋谷区で始まる」という意味をもつ抽出条件を指定するには、「任意の文字列」を表す「*」という「ワイルドカード」を組み合わせて、条件を「渋谷区*」と指定します。ワイルドカードを使用することで、「○○で始まる」「○○を含む」「○○で終わる」といった抽出を自由自在に行えます。「*」のほかにも、ワイルドカードには複数の種類があります。それぞれの使い方を理解しておくと、さまざまな文字パターンの抽出に柔軟に対応できるようになります。

### After

| 🔲 クエリ1 | | |
|---|---|---|
| 会員ID | 氏名 | 住所 |
| 1001 | 山崎 俊明 | 渋谷区千駄ヶ谷X-X |
| 1029 | 角田 壮介 | 渋谷区西原X-X |
| 1045 | 久代 智恵 | 渋谷区神宮前X-X |
| * | | |

「*」のワイルドカードを使って「渋谷区」から始まるレコードを抽出できる

●このレッスンで使うワイルドカード

| 例 | 渋谷区 * |
|---|---|
| 説明 | 指定したフィールドの「渋谷区」から始まるレコードを抽出する |

●ワイルドカードの種類

| ワイルドカード | 設定内容 |
|---|---|
| * | 0字以上の任意の文字列 |
| ? | 任意の1文字 |
| # | 任意の1けたの数字 |
| [] | []内のいずれかの文字 |
| [!] | []内のいずれの文字も含まない |
| [-] | []内で指定した文字範囲 |

# ワイルドカードを設定する

| 練習用ファイルを開いておく | レッスン7を参考に、[会員テーブル]で新規クエリを作成して[会員ID][氏名][住所]のフィールドを追加しておく |
|---|---|

| ここでは、住所が「渋谷区」で始まるレコードを抽出する | **1** [住所]フィールドの[抽出条件]行をクリック |
|---|---|

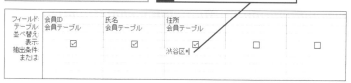

| フィールド: | 会員ID | 氏名 | 住所 | | |
|---|---|---|---|---|---|
| テーブル: | 会員テーブル | 会員テーブル | 会員テーブル | | |
| 並べ替え: | | | | | |
| 表示: | ☑ | ☑ | ☑ | ☐ | ☐ |
| 抽出条件: | | | 渋谷区* | | |
| または: | | | | | |

**2** 「渋谷区*」と入力 　**3** Enter キーを押す

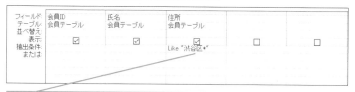

| フィールド: | 会員ID | 氏名 | 住所 | | |
|---|---|---|---|---|---|
| テーブル: | 会員テーブル | 会員テーブル | 会員テーブル | | |
| 並べ替え: | | | | | |
| 表示: | ☑ | ☑ | ☑ | ☐ | ☐ |
| 抽出条件: | | | Like "渋谷区*" | | |
| または: | | | | | |

条件式が自動で補われ、「Like "渋谷区*"」と入力された

**4** [実行]をクリック

住所が「渋谷区」で始まるレコードが抽出される

## ☆ Hint!

### Like演算子って何?

Like演算子は、文字パターンを比較する演算子です。通常、ワイルドカードを使用して抽出条件を入力すると、自動的に条件式の先頭に付加されます。なお、式の内容によっては自動で付加されない場合もあります。その場合は、Like演算子を条件式の先頭に直接入力してください。

# 25 「上位○位」のデータを抽出するには

## トップ値

📄 **練習用ファイル** トップ値.accdb

## トップ値を使って上位や下位のデータを抽出する

「注文実績の大きいトップ5の優良顧客を調べたい」「売り上げが低迷しているワースト5の商品を洗い出したい」……。そんなときに活躍するのが「トップ値」の機能です。あらかじめレコードを並べ替えておき、トップ値として「5」を指定します。すると、降順（大きい順）に並べ替えていた場合は上位5件、昇順（小さい順）に並べ替えていた場合は下位5件のレコードが抽出されます。並べ替えの順序によって、「上位5件」か「下位5件」が切り替わるというわけです。件数は「5」以外にも自由に指定できます。また、パーセンテージを指定して「上位○%」や「下位○%」を取り出すことも可能です。

### Before

| 会員ID | 氏名 | 注文実績 |
|---|---|---|
| 1001 | 山崎　俊明 | ¥98,900 |
| 1002 | 土田　恵美 | ¥23,000 |
| 1003 | 大崎　優子 | ¥49,600 |
| 1004 | 野中　健一 | ¥200,000 |
| 1005 | 大谷　紀香 | ¥15,200 |
| 1006 | 福本　正二 | ¥6,000 |
| 1007 | 吉村　香苗 | ¥103,200 |
| 1008 | 竹内　孝 | ¥6,400 |
| 1009 | 村井　千鶴 | ¥88,500 |
| 1010 | 大川　裕也 | ¥21,100 |
| 1011 | 和田　伸江 | ¥62,300 |
| 1012 | 遠藤　由紀子 | ¥25,400 |
| 1013 | 大橋　由香里 | ¥72,700 |
| 1014 | 足立　康介 | ¥87,300 |

注文実績の大きい順に上位5件の
レコードを抽出したい

### After

| 会員ID | 氏名 | 注文実績 |
|---|---|---|
| 1035 | 牧野　悟 | ¥323,300 |
| 1024 | 金田　八重子 | ¥279,700 |
| 1033 | 森山　エリカ | ¥277,200 |
| 1004 | 野中　健一 | ¥200,000 |
| 1037 | 星野　美里 | ¥195,300 |

並べ替えとトップ値を指定して
上位5件のレコードを抽出できる

# トップ値を設定する

| 練習用ファイルを開いておく | レッスン7を参考に、[会員テーブル]で新規クエリを作成して[会員ID][氏名][注文実績]のフィールドを追加しておく | ここでは、注文実績の多い順に5つのレコードを抽出する |
|---|---|---|

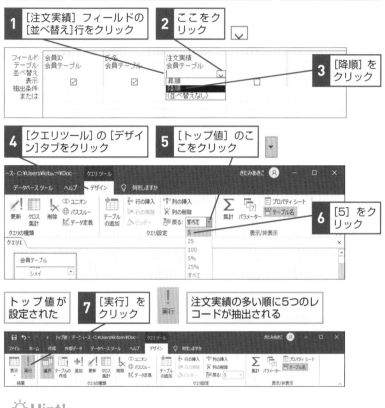

**1** [注文実績] フィールドの [並べ替え]行をクリック

**2** ここをクリック

**3** [降順] をクリック

**4** [クエリツール] の [デザイン]タブをクリック

**5** [トップ値] のここをクリック

**6** [5] をクリック

トップ値が設定された

**7** [実行] をクリック

注文実績の多い順に5つのレコードが抽出される

## ☆ Hint!

### 一覧にない値を指定するには

「10」や「20%」のようにトップ値の一覧にない値を指定したい場合は、トップ値のボックスに直接入力します。

直接入力してトップ値を設定できる

# ほかのテーブルを参照するフィールドでデータを抽出するには

ルックアップフィールドの抽出

📄 練習用ファイル　ルックアップフィールドの抽出.accdb

## 実際に格納されている値を条件にデータを抽出する

存在するはずのデータが抽出されない、というトラブルに見舞われたことはないでしょうか。原因の1つに、該当のフィールドが「ルックアップフィールド」であることが考えられます。[Before] の [企画テーブル] を見てください。[担当者] フィールドは、[担当者テーブル] のデータを元に入力を行うルックアップフィールドです。このようなフィールドに実際に格納されているのは、表示されている「田中」「小林」などのデータではなく、その主キーフィールドの値である「1」や「4」である可能性があります。ここでは、[企画テーブル] の [担当者] フィールドから「小林」（主キーは「4」）を抽出してみましょう。

### Before

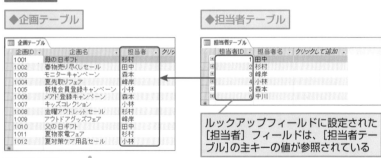

◆企画テーブル　　　　　　　　　　　　　◆担当者テーブル

ルックアップフィールドに設定された
[担当者] フィールドは、[担当者テーブル]の主キーの値が参照されている

### After

ルックアップフィールドから
「小林」を含むレコードを抽出
できる

第3章　必要なデータを正確に抽出する

# ルックアップフィールドを確認して抽出条件を設定する

練習用ファイルを開き、[担当者テーブル]を開いておく

[担当者テーブル]の「担当者ID」を確認して、抽出に利用する

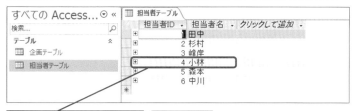

**1** 「小林」の「担当者ID」が「4」であることを確認

テーブルを閉じておく

レッスン7を参考に、[企画テーブル]で新規クエリを作成して[企画ID] [企画名] [担当者]のフィールドを追加しておく

ここでは、担当者に「小林」を含むレコードを抽出する

[担当者]のフィールドはルックアップフィールドなので、対応する「担当者ID」を抽出条件として指定する

**2** [担当者]フィールドの[抽出条件]行をクリック

**3** 「4」と入力

**4** [Enter]キーを押す

**5** [実行]をクリック

担当者に「小林」を含むレコードが抽出される

# ダイアログボックスを表示して抽出時に条件を指定するには

パラメータークエリ

📄 練習用ファイル パラメータークエリ.accdb

## クエリの実行時に抽出条件を指定できる

パラメータークエリを作成すると、クエリの実行時に条件入力用の画面を表示して、その都度必要な条件を指定して抽出が行えます。例えば、[都道府県] フィールドにパラメータークエリを設定した場合、クエリを実行するたびに「東京都」や「神奈川県」など、異なる都道府県を指定できます。その都度必要な条件でデータを抽出できるほか、クエリの使い方が分からない人でも簡単に条件を指定できることがメリットです。

**After**

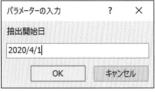

パラメータークエリを設定すると、クエリの実行時に抽出条件を入力するダイアログボックスが表示される

ダイアログボックスに入力した抽出条件に合致するレコードが抽出される

# パラメータークエリを設定する

| 練習用ファイルを開いておく | レッスン7を参考に、[会員テーブル]で新規クエリを作成して[会員ID][氏名][登録日]のフィールドを追加しておく |
|---|---|

| ここでは、[登録日]フィールドで抽出開始日以降の日付を抽出可能にする | **1** [登録日]フィールドの[抽出条件]行をクリック |
|---|---|

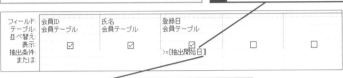

| **2** 「>=[抽出開始日]」と入力 | **3** Enter キーを押す |
|---|---|

**4** [実行]をクリック

[パラメーターの入力]ダイアログボックスが表示された

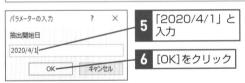

**5** 「2020/4/1」と入力

**6** [OK]をクリック

登録日が「2020年4月1日以降」のレコードが抽出される

## ☆ Hint!

### [抽出条件] 行にパラメーターを入力する

パラメータークエリは、条件を設定したいフィールドの[抽出条件]行に、ダイアログボックスに表示したいパラメーターと呼ばれるメッセージ文を半角の「[]」で囲んで入力します。なお、パラメーターには、フィールド名と同じ文字列は設定できません。また、複数のフィールドにパラメーターを設定した場合は、デザイングリッドの左側に設定したものから順番に[パラメーターの入力]ダイアログボックスが設定した数だけ表示されます。

# さまざまな抽出条件の設定方法をマスターしよう

テーブルに蓄積されている大量のデータを生きた情報として活用するには、必要なデータを正しく取り出すスキルが必要です。思い通りのデータを抽出するには、抽出条件の設定が重要になります。どんなデータが欲しいのかを明確にし、どのような抽出条件を設定すればそのデータが抽出されるのかを判断することが大切です。複雑に見える条件も、比較演算子やワイルドカード、And演算子、Or演算子などを、順を追って組み合わせていけば設定できます。パラメータークエリを利用して、クエリの実行時にダイアログボックスで抽出条件を指定できるようにすると、クエリを知らない人でも必要なデータを簡単に取り出せるようになります。より使えるクエリにするために、さまざまな抽出条件の設定方法をマスターし、データの有効活用につなげましょう。

**いろいろな抽出条件を覚える**

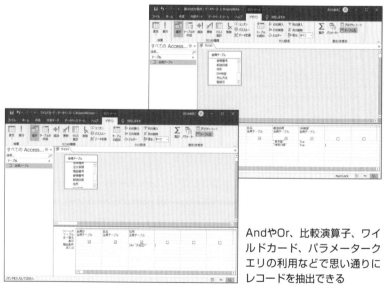

AndやOr、比較演算子、ワイルドカード、パラメータークエリの利用などで思い通りにレコードを抽出できる

第 **4** 章

# テーブルのデータを操作するクエリを覚える

この章では、アクションクエリ、固有の値、重複クエリ、不一致クエリ、外部結合、ユニオンクエリを説明します。これらは、特殊なクエリですが、実務上よく使われるクエリです。ここでは、これらのクエリの機能と作成手順を覚えましょう。

# 業務に便利な
# クエリを知ろう

**特殊な機能を持つクエリ**

## アクションクエリでデータを一括操作する

アクションクエリは、テーブルに対して一括操作を行うクエリで、テーブル作成クエリ、更新クエリ、追加クエリ、削除クエリの4種類があります。それぞれのクエリは、条件に一致するレコードに対して一括で処理ができるため、テーブルのメンテナンスに使用される実用的なクエリです。ただし、アクションクエリは、テーブルに対して直接処理を行うため、必要なデータを削除したり、変更したりしてデータを壊してしまう危険性があることも認識する必要があります。万が一に備えるため、アクションクエリを実行する前は、テーブルのバックアップを用意しておきましょう。

●アクションクエリ

| 商品ID | 商品名 |
|--------|--------|
| H001 | アロエジュース |
| H002 | アロエゼリー |
| H003 | アロエ茶 |
| H004 | ウコン茶 |

◆削除クエリ
レコードを削除する

◆更新クエリ
レコードの内容を更新する

◆追加クエリ
レコードを追加する

レコードを一括処理

◆テーブル作成クエリ
新しいテーブルを作成する

新テーブルの作成

第4章 テーブルのデータを操作するクエリを覚える

# 重複や不一致のデータを抽出する

会員名簿で同一人物が重複登録されていないかを調べたい場合は、重複クエリを使います。また、顧客名簿の中から今月注文していない顧客を調べたい場合は、不一致クエリを使います。

●重複クエリ

| 会員 NO | 会員名 |
|---|---|
| 1 | 鈴木 |
| 2 | 山崎 |
| 3 | 篠田 |
| 4 | 山崎 |
| 5 | 西村 |

→

| 会員 NO | 会員名 |
|---|---|
| 2 | 山崎 |
| 4 | 山崎 |

重複したレコードを抽出する

●不一致クエリ

| 売上 NO | 会員 NO |
|---|---|
| 1 | 1 |
| 2 | 2 |
| 3 | 4 |
| 4 | 5 |

→

| 会員 NO | 会員名 |
|---|---|
| 3 | 篠田 |

2つのテーブルを比較して、一方にしかないレコードを抽出する

# 複数のテーブルを1つにまとめる

複数のテーブルを1つにまとめて表示したい場合は、ユニオンクエリを使います。ユニオンクエリは、複数のテーブルのフィールドを結合して1つのフィールドにすることができます。

●ユニオンクエリ

| 会員 NO | 会員名 |
|---|---|
| K001 | 鈴木 |
| K002 | 山崎 |
| K003 | 篠田 |

| 会員 ID | 新規会員 | フリガナ |
|---|---|---|
| N001 | 金沢 | カナザワ |
| N002 | 山下 | ヤマシタ |

→

| 会員 NO | 会員名 |
|---|---|
| K001 | 鈴木 |
| K002 | 山崎 |
| K003 | 篠田 |
| N001 | 金沢 |
| N002 | 山下 |

ユニオンクエリで複数のテーブルを結合する

# クエリの結果を別のテーブルに保存するには

## テーブル作成クエリ

📄 練習用ファイル テーブル作成クエリ.accdb

### クエリの結果から新しいテーブルを作成する

テーブル作成クエリは、選択クエリの実行結果から新しくテーブルを作成できるクエリです。抽出した結果を元のテーブルとは別データとして利用することができます。ここでは、[顧客テーブル]からダイレクトメールの送付を希望する顧客を抽出して [DM発送用テーブル] を新しく作成します。これにより、あて名ラベルの印刷などに利用するデータをまとめられます。

**Before**

> ダイレクトメールを希望する顧客だけのテーブルを作成する

**After**

> クエリの実行結果からあて名ラベルの印刷などに利用できる新しいテーブルを作成できる

## ✦ Hint!

### テーブル作成クエリの実行が2回目以降のときは

テーブル作成クエリの実行が2回目以降のときは、すでに同名のテーブルが作成されているため、テーブルの削除を確認するメッセージが表示されます。[はい] ボタンをクリックすると、自動的にテーブルが削除されます。テーブルを削除しないときは、[いいえ] ボタンをクリックし、ナビゲーションウィンドウでテーブル名を変更してからクエリを実行しましょう。

# 1 選択クエリを作成して実行する

| 練習用ファイルを開いておく | レッスン7を参考に、[顧客テーブル]で新規クエリを作成して、[顧客ID] [顧客名] [郵便番号] [都道府県] [住所] [DM希望]のフィールドを追加しておく | ここでは、[DM希望]にチェックマークが付いているレコードを抽出する |
| --- | --- | --- |

| **1** [DM希望] フィールドの [抽出条件]行をクリック | **2** 「True」と入力 | **3** Enter キーを押す |
| --- | --- | --- |

| フィールド | 顧客ID | 顧客名 | 郵便番号 | 都道府県 | 住所 | DM希望 |
|---|---|---|---|---|---|---|
| テーブル | 顧客テーブル | 顧客テーブル | 顧客テーブル | 顧客テーブル | 顧客テーブル | 顧客テーブル |
| 並べ替え | | | | | | |
| 表示 | ☑ | ☑ | ☑ | ☑ | ☑ | ☑ |
| 抽出条件 | | | | | | True |
| または | | | | | | |

**4** [実行] をクリック

| クエリが実行された | **5** [DM希望] にチェックマークが付いている レコードが抽出されていることを確認 |
| --- | --- |

| 顧客ID | 顧客名 | 郵便番号 | 都道府県 | 住所 | DM希望 |
|---|---|---|---|---|---|
| 1 | 武藤 大地 | 154-0017 | 東京都 | 世田谷区世田 | ☑ |
| 3 | 西村 誠一 | 227-0034 | 神奈川県 | 横浜市青葉区 | ☑ |
| 5 | 青木 早苗 | 186-0011 | 東京都 | 国立市谷保x- | ☑ |
| 6 | 赤羽 みどり | 213-0013 | 神奈川県 | 川崎市高津区 | ☑ |
| 9 | 篠 一良 | 224-0021 | 神奈川県 | 横浜市都筑区 | ☑ |
| 11 | 大重 聡 | 170-0002 | 東京都 | 豊島区巣鴨x- | ☑ |
| 12 | 荏田 薫 | 133-0044 | 東京都 | 江戸川区本一 | ☑ |
| 15 | 佐々木 暢子 | 152-0032 | 東京都 | 目黒区平町x- | ☑ |
| 18 | 新藤 友康 | 167-0032 | 東京都 | 杉並区天沼x- | ☑ |
| 19 | 金城 芙美子 | 362-0073 | 埼玉県 | 上尾市浅間台 | ☑ |
| * (新規) | | | | | ☐ |

次のページに続く

## 2 クエリをテーブル作成クエリに変更する

| クエリの種類を変更するために<br>デザインビューに切り替える | **1** [表示] を<br>クリック |
|---|---|

| デザインビューに<br>切り替わった | クエリの種類をテーブル<br>作成クエリに変更する |
|---|---|

**2** [クエリツール] の [デザイン]<br>タブをクリック

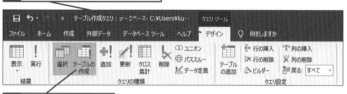

**3** [テーブルの作成]<br>をクリック

| [テーブルの作成] ダイアログ<br>ボックスが表示された | テーブル作成クエリで作成する<br>テーブルの名前を入力する |
|---|---|

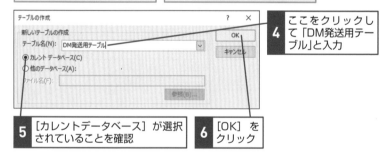

**4** ここをクリックし<br>て「DM発送用テー<br>ブル」と入力

**5** [カレントデータベース] が選択<br>されていることを確認

**6** [OK] を<br>クリック

## ③ テーブル作成クエリを実行する

テーブル作成クエリを実行して
正しく動作することを確認する

**1** [実行] を
クリック

テーブル作成クエリの実行に関する
確認のメッセージが表示された

Microsoft Access ✕

⚠ 10 件のレコードが新規テーブルにコピーされます。

[はい] をクリックするとテーブルが作成され、元に戻すことはできなくなります。
新しいテーブルを作成してもよろしいですか？

はい(Y)　　いいえ(N)

**2** [はい] を
クリック

テーブル作成クエリが実行され、
テーブルが新規作成された

**3** [DM発送用テーブル]
をダブルクリック

**4** テーブルの内容が手順1で確認した選択
クエリの実行結果と同じことを確認

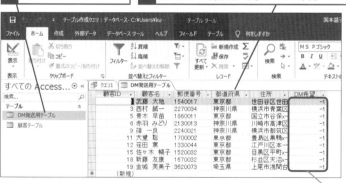

| 顧客ID | 顧客名 | 郵便番号 | 都道府県 | 住所 | DM希望 |
|---|---|---|---|---|---|
| 1 | 武藤 大地 | 1540017 | 東京都 | 世田谷区世田~ | -1 |
| 3 | 西村 誠一 | 2270034 | 神奈川県 | 横浜市青葉区~ | -1 |
| 5 | 青木 早苗 | 1860011 | 東京都 | 国立市谷保~ | -1 |
| 6 | 赤羽 みどり | 2130013 | 神奈川県 | 川崎市高津区~ | -1 |
| 9 | 薩 一良 | 2240021 | 神奈川県 | 横浜市都筑区~ | -1 |
| 11 | 大里 聡 | 1700002 | 東京都 | 豊島区巣鴨~ | -1 |
| 12 | 荏田 薫 | 1330044 | 東京都 | 江戸川区本~ | -1 |
| 15 | 佐々木 暢子 | 1520032 | 東京都 | 目黒区平町~ | -1 |
| 18 | 新藤 友康 | 1670032 | 東京都 | 杉並区天沼~ | -1 |
| 19 | 金城 芙美子 | 3620073 | 埼玉県 | 上尾市浅間台~ | -1 |
| * | (新規) | | | | |

Yes/No型のフィールドは、Trueの場合「-1」、
Falseの場合は「0」と表示される

# 不要なデータを削除するには

削除クエリ

🗎 練習用ファイル 削除クエリ.accdb

## 不要なデータをテーブルから一括で削除できる

削除クエリは、条件に一致したレコードをテーブルからまとめて削除するクエリです。「生産が終了した商品のレコードをまとめて削除したい」というときに役立ちます。削除クエリで削除したレコードは元に戻せないので、あらかじめ削除するレコードが正しく抽出できているかを選択クエリで確認し、必ずテーブルのバックアップを取っておきましょう。

### Before

| 商品ID | 商品名 | 商品区分ID | 単価 | 生産終了 | クリックして追加 |
|--------|--------|-----------|------|---------|---------------|
| H001 | アロエジュース | DR | ¥1,200 | ☐ | |
| H002 | アロエゼリー | FB | ¥600 | ☑ | |
| H003 | アロエ茶 | DR | ¥2,000 | ☐ | |
| H004 | ウコン茶 | DR | ¥3,000 | ☐ | |
| H005 | カルシウム | FN | ¥1,800 | ☐ | |
| H006 | コエンザイムQ | FN | ¥1,500 | ☑ | |
| H007 | ダイエットクッキ | FB | ¥5,000 | ☐ | |
| H008 | だったんそば茶 | DR | ¥1,500 | ☑ | |
| H009 | にんにくエキス | FN | ¥1,700 | ☐ | |
| H010 | ビタミンA | FN | ¥1,600 | ☐ | |
| H011 | ビタミンB | FN | ¥1,500 | ☐ | |
| H012 | ビタミンC | FN | ¥1,200 | ☐ | |
| H013 | ブルーンエキス | FN | ¥1,400 | ☐ | |
| H014 | ブルーンゼリー | FB | ¥600 | ☐ | |

生産が終了した商品を一括で削除したい

### After

| 商品ID | 商品名 | 商品区分ID | 単価 | 生産終了 | クリックして追加 |
|--------|--------|-----------|------|---------|---------------|
| H001 | アロエジュース | DR | ¥1,200 | ☐ | |
| H003 | アロエ茶 | DR | ¥2,000 | ☐ | |
| H004 | ウコン茶 | DR | ¥3,000 | ☐ | |
| H005 | カルシウム | FN | ¥1,800 | ☐ | |
| H007 | ダイエットクッキ | FB | ¥5,000 | ☐ | |
| H009 | にんにくエキス | FN | ¥1,700 | ☐ | |
| H010 | ビタミンA | FN | ¥1,600 | ☐ | |
| H011 | ビタミンB | FN | ¥1,500 | ☐ | |
| H012 | ビタミンC | FN | ¥1,200 | ☐ | |
| H013 | ブルーンエキス | FN | ¥1,400 | ☐ | |
| H014 | ブルーンゼリー | FB | ¥600 | ☐ | |
| H015 | マルチビタミン | FN | ¥1,500 | ☐ | |

[生産終了]にチェックマークが付いていたレコードを削除できる

## ✿ Hint!

**なぜ[*]を追加するの?**

削除クエリでは、条件に一致するレコードを一括で削除します。デザイン
ビューで条件を設定するためのフィールドを追加するだけで、条件に一致す
るレコードを削除できます。レッスンでは、条件を設定する[生産終了]フィー
ルドに加えて、[*]も追加しています。条件を設定するフィールドだけでは
どのレコードが削除されるか確認ができないため、[*]を追加して、データ
シートビューですべてのフィールドを表示し、レコードの確認ができるよう
にしています。

# 1 選択クエリを作成して実行する

| 練習用ファ イルを開い ておく | レッスン7を参考に、[商品テーブル] で新規クエリを作成して[*]と[生産 終了]フィールドを追加しておく | ここでは、[生産終了]に チェックマークが付いて いるレコードを抽出する |
| --- | --- | --- |

| フィールド: | 商品テーブル.* | 生産終了 | | | |
| --- | --- | --- | --- | --- | --- |
| テーブル: | 商品テーブル | 商品テーブル | | | |
| 並べ替え: | | | | | |
| 表示: | ☑ | ☑ | ☐ | ☐ | ☐ |
| 抽出条件: | | True | | | |
| または: | | | | | |

| 1 | [生産終了]フィールドの [抽出条件]行をクリック | 2 | 「True」と 入力 | 3 | Enter キー を押す |
| --- | --- | --- | --- | --- | --- |

| 4 | [実行]を クリック |
| --- | --- |

| クエリが実行 された | 5 | [生産終了]にチェックマークが付いている レコードが抽出されていることを確認 |
| --- | --- | --- |

| 商品ID | 商品名 | 商品区分ID | 単価 | 商品テーブ | フィールド0 |
| --- | --- | --- | --- | --- | --- |
| H002 | アロエゼリー | FB | ¥600 | ☑ | -1 |
| H006 | コエンザイムQ | FN | ¥1,500 | ☑ | -1 |
| H008 | だったんそば茶 | DR | ¥1,500 | ☑ | -1 |
| H019 | 鉄分 | FN | ¥1,800 | ☑ | -1 |
| H020 | 確漢養ゼリー | FB | ¥700 | ☑ | -1 |
| * | | | | ☐ | 0 |

次のページに続く

## 2 クエリを削除クエリに変更する

クエリの種類を変更するために
デザインビューに切り替える

**1** [表示] を
クリック

| 商品ID | 商品名 | 商品区分ID | 単価 | 商品テーブル | フィ |
|---|---|---|---|---|---|
| H002 | アロエゼリー | FB | ¥600 | ☑ | |
| H006 | コエンザイムQ | FN | ¥1,500 | ☑ | |
| H008 | だったんそば | DR | ¥1,500 | ☑ | |
| H019 | 鉄分 | FN | ¥1,800 | ☑ | |
| H020 | 羅漢香ゼリー | FB | ¥700 | ☑ | |

デザインビューに
切り替わった

クエリの種類を削除クエリに
変更する

**2** [クエリツール]の[デザイン]タブを
クリック

**3** [削除] を
クリック

## 3 削除クエリを実行する

クエリの種類が削除クエリに
変更された

**1** [実行] を
クリック

第4章 テーブルのデータを操作するクエリを覚える

## 4 レコードを削除する

削除クエリの実行に関する確認の
メッセージが表示された

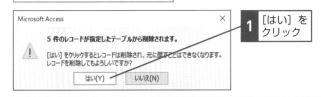

**1** [はい] を
クリック

**2** [商品テーブル] を
ダブルクリック

**3** 手順2で抽出結果に表示されたレコードが
削除されていることを確認

### ◦ Hint!

**リレーションシップが設定されたテーブルで削除クエリを実行するときは**

テーブル間でリレーションシップが設定されており、レコードを削除する
テーブルが一側テーブルの場合、多側テーブルに対応するレコードが入力さ
れていると、レコードを削除できません。このような場合は、リレーション
シップの連鎖削除の設定を行うことで、多側テーブルの対応するレコードを
同時に削除することが可能です。ただし、連鎖削除によって多側テーブルの
レコードを削除する場合は、すでに発生している売り上げデータなどの情報
が削除されることもあります。連鎖削除の設定自体が適切であるかどうか、
削除される多側テーブルのレコードが必要でないかを再度確認しておきま
しょう。

# 条件に一致したデータを まとめて更新するには

更新クエリ

📄 練習用ファイル 更新クエリ.accdb

## 所属名やコードをまとめて更新する

更新クエリは、「条件に一致するデータ」をまとめて新しいデータに変更するクエリです。例えば、大阪にある部署の名前が「営業部」から「関西営業部」と変わったときでも、勤務地を大阪に限定して、まとめて部署名を変更できます。

**Before**

| 社員ID | 社員名 | シャインメイ | 入社年月日 | 勤務地 | 所属 |
|---|---|---|---|---|---|
| 103502 | 田中 裕一 | タナカ ユウイ | 2002/10/01 | 大阪 | 営業部 |
| 103801 | 南 慶介 | ミナミ ケイス | 2005/04/01 | 東京 | 総務部 |
| 103802 | 佐々木 努 | ササキ ツトム | 2005/04/01 | 東京 | 企画部 |
| 104201 | 新藤 英子 | シンドウ エイ | 2009/04/01 | 名古屋 | 営業部 |
| 104203 | 荒井 忠 | アライ タダシ | 2009/04/01 | 福岡 | 総務部 |
| 104301 | 山崎 幸彦 | ヤマザキ ユキ | 2010/04/01 | 名古屋 | 企画部 |
| 104402 | 戸田 あかね | トダ アカネ | 2011/09/01 | 大阪 | 営業部 |
| 104602 | 杉山 直美 | スギヤマ ナオ | 2013/09/01 | 大阪 | 企画部 |
| 104701 | 小野寺 久美 | オノデラ クミ | 2014/09/01 | 東京 | 営業部 |
| 104801 | 近藤 俊彦 | コンドウ トシヒ | 2015/04/01 | 福岡 | 企画部 |
| 104902 | 斉藤 由紀子 | サイトウ ユキ | 2016/09/01 | 名古屋 | 営業部 |
| 105101 | 鈴木 隆 | スズキ タカシ | 2018/04/01 | 名古屋 | 営業部 |

勤務地の情報を参考に、変更があった部署名のみ、レコードを更新したい

**After**

| 社員ID | 社員名 | シャインメイ | 入社年月日 | 勤務地 | 所属 |
|---|---|---|---|---|---|
| 103502 | 田中 裕一 | タナカ ユウイ | 2002/10/01 | 大阪 | 関西営業部 |
| 103801 | 南 慶介 | ミナミ ケイス | 2005/04/01 | 東京 | 総務部 |
| 103802 | 佐々木 努 | ササキ ツトム | 2005/04/01 | 東京 | 企画部 |
| 104201 | 新藤 英子 | シンドウ エイ | 2009/04/01 | 名古屋 | 営業部 |
| 104203 | 荒井 忠 | アライ タダシ | 2009/04/01 | 福岡 | 総務部 |
| 104301 | 山崎 幸彦 | ヤマザキ ユキ | 2010/04/01 | 名古屋 | 企画部 |
| 104402 | 戸田 あかね | トダ アカネ | 2011/09/01 | 大阪 | 関西営業部 |
| 104602 | 杉山 直美 | スギヤマ ナオ | 2013/09/01 | 大阪 | 関西企画部 |
| 104701 | 小野寺 久美 | オノデラ クミ | 2014/09/01 | 東京 | 営業部 |
| 104801 | 近藤 俊彦 | コンドウ トシヒ | 2015/04/01 | 福岡 | 企画部 |
| 104902 | 斉藤 由紀子 | サイトウ ユキ | 2016/09/01 | 名古屋 | 営業部 |
| 105101 | 鈴木 隆 | スズキ タカシ | 2018/04/01 | 名古屋 | 営業部 |

部署名が変わった大阪のみ、まとめてレコードを更新できる

## ⋄ Hint!

### 元のテーブルを確認し、バックアップを取っておく

更新クエリを実行すると、更新したデータを元に戻せません。間違えて更新してしまった場合にデータを復旧できるように、元のテーブルを確認し、バックアップを取っておきましょう。テーブルのバックアップ方法は、レッスン6で解説しています。

---

# 1 選択クエリを作成してクエリを実行する

| 練習用ファイルを開いておく | レッスン7を参考に、[社員テーブル]で新規クエリを作成して[所属]と[勤務地]のフィールドを追加しておく | ここでは、勤務地が「大阪」のレコードを抽出する |

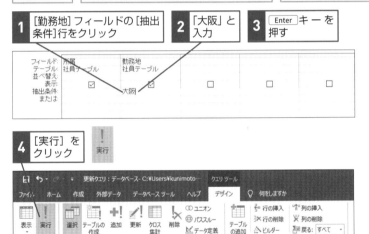

**1** [勤務地]フィールドの[抽出条件]行をクリック

**2** 「大阪」と入力

**3** Enterキーを押す

**4** [実行]をクリック

| クエリが実行された | **5** [勤務地]が「大阪」のレコードが抽出されていることを確認 |

次のページに続く

## 2 クエリを更新クエリに変更する

クエリの種類を変更するために
デザインビューに切り替える

**1** [表示]をク
リック

デザインビューに
切り替わった

クエリの種類を更新
クエリに変更する

**2** [クエリツール]の[デザイン]
タブをクリック

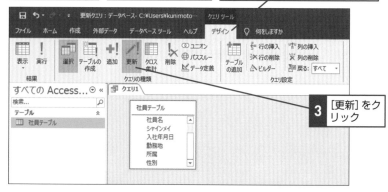

**3** [更新]をク
リック

## 3 更新内容を入力する

クエリが更新クエリに
変更され、[レコードの
更新]行が表示された

**1** [所属]フィールド
の[レコードの更
新]行をクリック

「"文字列"&[フィールド名]」
と入力して、文字列とレコ
ードを結合できる

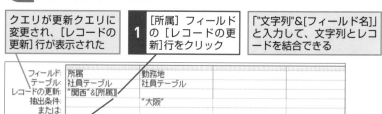

| フィールド: | 所属 | 勤務地 | | |
|---|---|---|---|---|
| テーブル: | 社員テーブル | 社員テーブル | | |
| レコードの更新: | "関西"&[所属] | | | |
| 抽出条件: | | "大阪" | | |
| または: | | | | |

**2** 「"関西"&[所属]」と入力

**3** Enter キーを押す

## 4 更新クエリを実行する

更新クエリを実行して正しく動作することを確認する

**1** [実行] をクリック

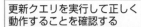

更新クエリの実行に関する確認のメッセージが表示された

**Microsoft Access** ×

⚠ 4 件のレコードが更新されます。

[はい] をクリックするとレコードは更新され、元に戻すことはできなくなります。
レコードを更新してもよろしいですか？

はい(Y) 　 いいえ(N)

**2** [はい] をクリック

更新クエリが実行され、テーブルのデータが更新された

**3** [社員テーブル] をダブルクリック

**4** 手順1で抽出結果に表示されたレコードが更新されていることを確認

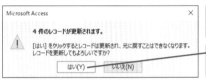
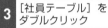

| 社員ID | 社員名 | シャインメイ | 入社年月日 | 勤務地 | 所属 | 性別 |
|---|---|---|---|---|---|---|
| 103502 | 田中 裕一 | タナカ ユウイ | 2002/10/01 | 大阪 | 関西営業部 | 1 |
| 103801 | 南 慶介 | ミナミ ケイスケ | 2005/04/01 | 東京 | 総務部 | 1 |
| 103802 | 佐々木 努 | ササキ ツトム | 2005/04/01 | 東京 | 企画部 | 1 |
| 104201 | 新藤 英子 | シンドウ エイコ | 2009/04/01 | 名古屋 | 営業部 | 2 |
| 104203 | 荒木 忠 | アライ タダシ | 2009/04/01 | 福岡 | 総務部 | 1 |
| 104301 | 山崎 幸彦 | ヤマザキ ユキ | 2010/04/01 | 名古屋 | 企画部 | 1 |
| 104402 | 戸田 あかね | トダ アカネ | 2011/08/01 | 大阪 | 関西営業部 | 2 |
| 104602 | 杉山 直美 | スギヤマ ナオ | 2013/09/01 | 大阪 | 関西企画部 | 2 |
| 104701 | 小野寺 久美 | オノデラ クミ | 2014/04/01 | 東京 | 営業部 | 2 |
| 104801 | 近藤 俊彦 | コンドウ トシヒ | 2015/04/01 | 福岡 | 企画部 | 1 |
| 104902 | 斉藤 由紀子 | サイトウ ユキ | 2016/09/01 | 名古屋 | 営業部 | 2 |
| 105101 | 鈴木 隆 | スズキ タカシ | 2018/04/01 | 名古屋 | 営業部 | 1 |
| 105102 | 室井 正二 | ムロイ ショウ | 2018/04/01 | 東京 | 総務部 | 1 |
| 105201 | 曽根 由紀 | ソネ ユキ | 2019/09/01 | 大阪 | 関西総務部 | 2 |
| 105301 | 髙橋 勇太 | タカハシ ユウ | 2020/04/01 | 東京 | 営業部 | 1 |

### ✧ Hint!
**更新クエリは何度も実行しない**

更新クエリを何度も実行すると、その都度、指定したフィールドのデータが更新されてしまいます。レッスンで作成している更新クエリを何度も実行すると「関西関西関西総務部」のように、更新されたデータに対して、さらに更新を行ってしまいます。元に戻すための更新クエリを作成してもいいですが、式が複雑になります。バックアップを使って更新前の状態に戻し、1回だけ更新クエリを実行し直すのがいいでしょう。

# 別テーブルにあるデータと一致するものを更新するには

別テーブルを参照した更新クエリ

📄 練習用ファイル 別テーブルを参照した更新クエリ.accdb

## 別テーブルのフィールドのデータに置き換える

更新クエリでは、テーブルのフィールドの値を別テーブルのフィールドの値に一括で書き換えることもできます。このとき、2つのテーブルにリレーションシップが設定されている必要があります。例えば、[社員テーブル] と [異動社員テーブル] が [社員ID] フィールドを結合フィールドとしてリレーションシップが設定されている場合、[社員テーブル] で、異動の対象となっている社員の新しい [勤務地] と [所属] の値を [異動社員テーブル] の [異動先勤務地] と [異動先所属] フィールドの値に一括で変更できます。

### Before

[社員ID] フィールドを結合フィールドとしてリレーションシップが設定されている

[異動社員テーブル] にあるデータで [社員テーブル] のデータを更新したい

## ·Ö Hint!

**2つのテーブルでリレーションシップを設定する**

別テーブルの対応するデータを参照する場合は、テーブル間にリレーションシップが設定されている必要があります。そのため、2つのテーブルに [社員ID] フィールドのように共通のフィールドが必要になるので、参照するテーブルの作成時に共通するフィールドを持たせておきます。あらかじめリレーションシップが設定されていなくても、クエリでテーブルを追加すると、共通するフィールドが自動結合されます。自動結合されない場合は、フィールド間でドラッグして結合してください。

# 1 選択クエリを実行する

| 練習用ファイル<br>を開いておく | レッスン7を参考に、[異動社員テーブル] [社員テーブル]<br>で新規クエリを作成して、[社員テーブル]の[勤務地] [所属]のフィールドを追加しておく |
|---|---|

**1** [実行] を
クリック

| クエリが実<br>行された | **2** | [異動社員テーブル] と [社員テーブル] の [社員ID] フィールドの値が同じレコードのうち、[勤務地]と[所属]のフィールドが抽出されていることを確認 |
|---|---|---|

次のページに続く

## 2 クエリを更新クエリに変更する

| クエリの種類を変更するために<br>デザインビューに切り替える | **1** [表示] を<br>クリック |
|---|---|

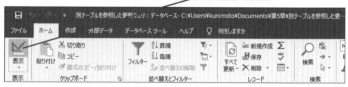

| クエリの種類を更新<br>クエリに変更する | **2** [クエリツール] の [デザイン]<br>タブをクリック | **3** [更新] を<br>クリック |
|---|---|---|

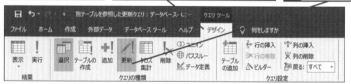

## 3 更新内容を入力する

| クエリの種類が変更さ<br>れ、[レコードの更新]<br>行が表示された | [社員テーブル] の [勤務地] と [所属] フィールドを<br>[異動社員テーブル] にある [異動先勤務地] と [異動<br>先所属] フィールドのデータで更新する |
|---|---|

| **1** [勤務地] フィールドの [レコード<br>の更新] 行をクリック | **2** 「[異動先勤務<br>地]」と入力 |
|---|---|

| フィールド: | 勤務地 | 所属 | |
|---|---|---|---|
| テーブル: | 社員テーブル | 社員テーブル | |
| レコードの更新: | [異動先勤務地] | | |
| 抽出条件: | | | |
| または: | | | |

| **3** [所属] フィールドの [レコードの<br>更新] 行をクリック | **4** 「[異動先所属]」<br>と入力 | **5** Enter キーを<br>押す |
|---|---|---|

| フィールド: | 勤務地 | 所属 | |
|---|---|---|---|
| テーブル: | 社員テーブル | 社員テーブル | |
| レコードの更新: | [異動先勤務地] | [異動先所属] | |
| 抽出条件: | | | |
| または: | | | |

## 4 更新クエリを実行する

更新クエリを実行して正しく
動作することを確認する

**1** [実行] を
クリック

実行

更新クエリの実行に関する確認の
メッセージが表示された

Microsoft Access ×

⚠ 5 件のレコードが更新されます。

[はい] をクリックするとレコードは更新され、元に戻すことはできなくなります。
レコードを更新してもよろしいですか?

はい(Y)　　いいえ(N)

**2** [はい] を
クリック

## 5 更新されたレコードを確認する

更新クエリが実行され、テーブルの
データが更新された

**1** [社員テーブル] を
ダブルクリック

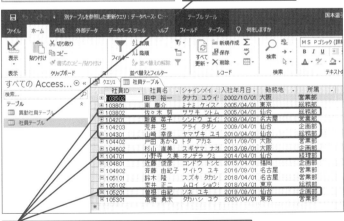

**2** [社員テーブル] のデータが [異動社員テーブル] の
データを元に更新されていることを確認

# テーブルにデータを
# まとめて追加するには

追加クエリ

📄 練習用ファイル 追加クエリ.accdb

## 処理が終了したデータの履歴を別テーブルで保管する

追加クエリは、指定したテーブルに別のテーブルやクエリからレコードを一括で追加するクエリです。例えば、下の図のように、[商品テーブル]で [生産終了] にチェックマークが付いた商品を、[生産終了商品テーブル] にまとめて追加できます。このように追加クエリは、条件に一致するレコードをまとめて別テーブルに追加できるため、処理が終了したデータを履歴として保存しておきたいときに役立ちます。

### Before

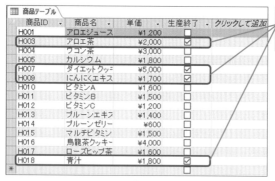

生産が終了した商品のレコードを別テーブルに追加して保管したい

### After

条件に一致したレコードをまとめて別のテーブルに追加できる

第4章 テーブルのデータを操作するクエリを覚える

## ·☼· Hint!
**データが消失することがある**

追加クエリを実行したときに、追加先テーブルのテキスト型のフィールドの
フィールドサイズよりも、追加するフィールドの文字長の方が長い場合は、
その分のデータが消失して追加されます。このときエラーメッセージは表示
されません。追加クエリを実行する前に必ずフィールドサイズを確認しま
しょう。

▶ このレッスンは　**操作を動画でチェック!** ▶▶
　動画で見られます　　　　　　　　※詳しくは2ページへ

# 1 選択クエリを作成してクエリの種類を変更する

| 練習用ファイルを<br>開いておく | レッスン7を参考に、[商品テーブル] で新規クエリ<br>を作成して、[商品ID] [商品名] [単価] [生産終了]<br>のフィールドを追加しておく |
|---|---|

| ここでは、[生産終了] にチェックマーク<br>が付いているレコードを抽出する | **1** | [生産終了] フィールドの<br>[抽出条件]行をクリック |
|---|---|---|

| フィールド: | 商品ID | 商品名 | 単価 | 生産終了 | |
|---|---|---|---|---|---|
| テーブル: | 商品テーブル | 商品テーブル | 商品テーブル | 商品テーブル | |
| 並べ替え: | | | | | |
| 表示: | ☑ | ☑ | ☑ | ☑ | ☐ |
| 抽出条件: | | | | True | |
| または: | | | | | |

| **2** 「True」と入力 | **3** Enter キーを押す |
|---|---|

| クエリの種類を追加クエリに<br>変更する | **4** | [クエリツール] の [デザイン]<br>タブをクリック |
|---|---|---|

**5** [追加] を
クリック

次のページに続く

## 2 追加先のテーブルを設定する

[追加]ダイアログボックスが表示された

**1** [カレントデータベース] を
クリック

**2** [テーブル名] の
ここをクリック

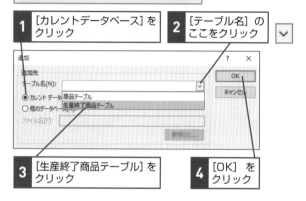

**3** [生産終了商品テーブル] を
クリック

**4** [OK] を
クリック

## 3 追加クエリを実行する

[レコードの追加] 行に追加先のテーブルと同名のフィールド名が
表示され、追加先のテーブルが設定された

追加クエリを実行して正しく
動作することを確認する

**1** [実行] を
クリック

# 4 テーブルの内容を確認する

追加クエリの実行に関する確認
のメッセージが表示された

**1** [はい]をクリック

追加クエリが実行され、データが手順2で
指定したテーブルに追加された

**2** [生産終了商品テーブル]を
ダブルクリック

**3** テーブルにデータが追加さ
れていることを確認

| 商品ID | 商品名 | 単価 | クリックして追加 |
|--------|--------|------|------------------|
| H003 | アロエ茶 | ¥2,000 | |
| H007 | ダイエット クッキー | ¥5,000 | |
| H009 | にんにくエキス | ¥1,700 | |
| H018 | 青汁 | ¥1,800 | |

## ☼ Hint!

### なぜ [カレントデータベース] を選択するの?

手順2の [追加] ダイアログボックスに表示される [カレントデータベース]
とは、現在開いているデータベースを指します。ここでは、現在開いている
データベースの [生産終了商品テーブル] にレコードを追加するために [カ
レントデータベース]を選択しています。ほかのAccessファイルにあるテー
ブルに追加したい場合は、[他のデータベース] を選択し、[参照] ボタンを
クリックして追加先のデータベースファイルの保存場所を指定します。

# 重複データの中の 1件のみを表示するには
固有の値

📄 練習用ファイル 固有の値.accdb

## 同じデータが複数あった場合1件だけ表示できる

例えば、顧客情報を管理している［顧客テーブル］の［都道府県］フィールドのデータを使って顧客の居住する都道府県一覧を作成したい場合、選択クエリで［顧客テーブル］の中から［都道府県］フィールドだけを追加してクエリを実行すると、「東京都」や「神奈川県」などの値が複数表示されます。この重複する値を1件だけ表示させれば居住都道府県一覧が作成できます。このようにフィールドまたはフィールドの組み合わせの中で、同じデータが複数あるとき、1件だけ表示させたい場合は、［プロパティシート］作業ウィンドウで［固有の値］を［はい］に設定しましょう。

**Before**

［顧客テーブル］の［都道府県］フィールドを選択クエリで抽出すると、重複データが表示される

**After**

［固有の値］を［はい］にすると、重複を含まない都道府県の一覧を表示できる

# [固有の値] の設定を有効にしてクエリを実行する

| 練習用ファイル を開いておく | レッスン7を参考に、[顧客テーブル] で新規クエリを 作成して[都道府県]フィールドを追加しておく |
|---|---|

| 1 | 画面の何もないと ころをクリック | 2 | [クエリツール] の [デザイン]タブをクリック | 3 | [プロパティシート] をクリック |
|---|---|---|---|---|---|

| 重複データが1件だけ表示されるようにする | 4 | [固有の値] を クリック | 5 | ここをクリック |
|---|---|---|---|---|

プロパティ シート

選択の種類: クエリ プロパティ

標準

| 説明 | |
|---|---|
| 既定のビュー | データシート |
| 全フィールド表示 | いいえ |
| トップ値 | すべて |
| 固有の値 | いいえ |
| 固有のレコード | はい |
| 外部元データベース | いいえ |
| 接続元アプリケーション | |
| レコードロック | しない |
| レコードセット | ダイナ |
| ODBCタイムアウト | 60 |
| フィルター | |
| 並べ替え | |
| 最大レコード数 | |
| 方向 | 左から右方向 |
| サブデータシート名 | |
| リンク子フィールド | |
| リンク親フィールド | |
| サブデータシートの高さ | 0cm |
| サブデータシートの展開 | いいえ |
| 読み込み時にフィルターを適用 | いいえ |
| 読み込み時に並べ替えを適用 | はい |

6 [はい] を クリック

| フィールド: | 都道府県 | | | | |
|---|---|---|---|---|---|
| テーブル: | 顧客テーブル | | | | |
| 並べ替え: | | | | | |
| 表示: | ☑ | ☐ | ☐ | ☐ | |
| 抽出条件: | | | | | |
| または: | | | | | |

NumLock SQL

| [固有の値] が 設定された | 7 | [実行] を クリック | | [都道府県]フィールドで、重複の ない一覧が表示される |
|---|---|---|---|---|

**できる | 115**

# 重複したデータを
# 抽出するには
重複クエリ

📄 **練習用ファイル** 重複クエリ.accdb

## 重複入力されたデータのチェックに利用できる

フィールドやフィールドの組み合わせで重複するデータがあった場合、そのレコードを抽出するには、重複クエリを使います。例えば、会員名簿で二重に登録されている会員のレコードをチェックしたいときなどに利用するといいでしょう。会員の氏名とメールアドレスが同じ場合に同一人物と見なすとすれば、重複クエリで［会員名］フィールドと［メールアドレス］フィールドの組み合わせで重複を調べ、重複登録しているレコードを一覧表示します。重複クエリは、［重複クエリウィザード］を使って画面の指示に従って操作すれば、簡単に作成できます。

**Before**

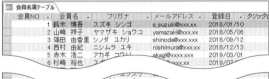

［会員名］と［メールアドレス］フィールドの組み合わせで、重複しているレコードを調べる

**After**

重複クエリでテーブル内の重複レコードを調べられる

# 1 [新しいクエリ] ダイアログボックスを表示する

| 練習用ファイルを<br>開いておく | [会員名簿テーブル]の[会員名]と[メールアドレス]<br>のフィールドが重複しているレコードを調べる |
|---|---|

[クエリウィザード]で重複クエリを
作成する

| 1 | [作成]タブを<br>クリック | 2 | [クエリウィザード]<br>をクリック |
|---|---|---|---|

クエリ
ウィザード

# 2 [重複クエリウィザード]を起動する

[重複クエリウィザード]を使って
重複クエリを作成する

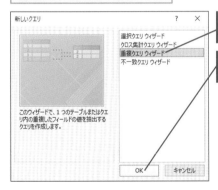

| 1 | [重複クエリウィザード]<br>をクリック |
|---|---|
| 2 | [OK]を<br>クリック |

次のページに続く

## 3 重複を調べるテーブルを選択する

| [重複クエリウィザード]が<br>起動した | 重複するレコードを調べる<br>テーブルを選択する |
|---|---|

| **1** [テーブル] を<br>クリック | **2** [会員名簿テーブル]<br>をクリック | **3** [次へ] を<br>クリック |
|---|---|---|

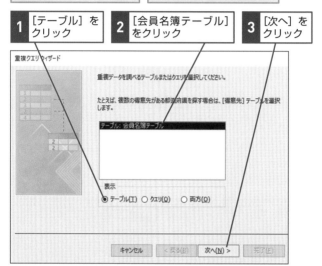

重複クエリウィザード

重複データを調べるテーブルまたはクエリを選択してください。

たとえば、複数の得意先がある都道府県を探す場合は、[得意先] テーブルを選択します。

テーブル: 会員名簿テーブル

表示
⦿ テーブル(T)　○ クエリ(Q)　○ 両方(O)

[ キャンセル ]　[ < 戻る(B) ]　[ 次へ(N) > ]　[ 完了(F) ]

### ☆ Hint!

**クエリの結果からでも重複を調べられる**

手順3の画面の [表示] で [クエリ] をクリックすると、クエリの一覧を表示できます。クエリを選択すると、クエリの実行結果の中から重複データを調べられます。

| **1** [クエリ]をクリック |
|---|

| **2** 重複するレコードを調べる<br>クエリをクリック |
|---|

| **3** [次へ]をクリック |
|---|

| 画面の案内に従って操作を進め<br>れば、クエリの実行結果から重<br>複データを調べられる |
|---|

第4章　テーブルのデータを操作するクエリを覚える

## 4 重複を調べるフィールドを選択する

| [会員名簿テーブル] にある<br>フィールドが表示された | 重複を調べるフィールドを<br>選択する |
|---|---|

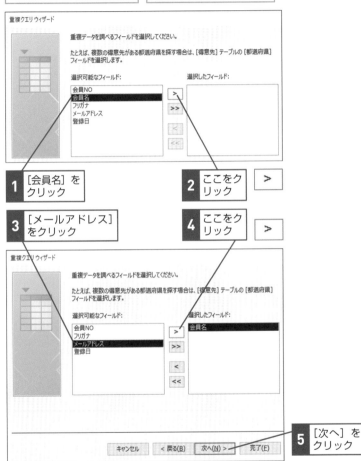

**1** [会員名] を<br>クリック

**2** ここをク<br>リック　　>

**3** [メールアドレス]<br>をクリック

**4** ここをク<br>リック　　>

**5** [次へ] を<br>クリック

### ⚠ 間違った場合は?

フィールドを間違えて追加した場合は、間違えたフィールドをクリックして選択し、< をクリックします。

次のページに続く

## 5 表示用のフィールドを選択する

| 重複を調べるフィールドが<br>選択された | クエリの実行結果に表示する<br>フィールドを追加する |
| --- | --- |

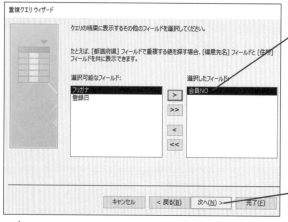

1 手順4を参考に [会員NO] フィールドを追加

2 [次へ] をクリック

### ✓ Hint!
**表示用フィールドはどんなときに選択するの?**

表示用フィールドは、重複データを調べるフィールドに加えて表示したいフィールドがある場合に選択します。手順5で表示用のフィールドを選択しなかった場合は、見つかった重複データの件数が表示されます。

### ✓ Hint!
**重複クエリの設定をやり直すには**

手順6の画面で [完了] ボタンをクリックする前に、重複を調べるフィールドや、表示するフィールドなどの設定を確認、変更したい場合、[戻る] ボタンをクリックします。1画面ずつ戻って設定の確認や変更を行えます。

[戻る] をクリックして、さらに1つ前の画面を表示できる

# 6 クエリを実行する

| クエリの実行結果に表示する<br>フィールドが追加された | 自動でクエリ名<br>が入力された |
|---|---|

ここでは、自動で入力されたクエリ名を
変更せずに操作を進める

重複クエリ ウィザード

クエリ名を指定してください。

会員名簿テーブルの重複レコード

クエリを作成した後に行うことを選択してください。

● クエリを実行して結果を表示する(V)
○ クエリのデザインを編集する(M)

キャンセル  < 戻る(B)  次へ(N) >  完了(F)

| **1** [クエリを実行して結果を表示する]をクリック | **2** [完了]を<br>クリック |
|---|---|

| 重複クエリが作成され、<br>実行結果が表示された | **3** 重複しているレコードが表示されたことを確認 |
|---|---|

すべての Access... ⊙ «

検索...

テーブル        ☆

⊞ 会員名簿テーブル

クエリ          ☆

🗗 会員名簿テーブルの重複レコード

🗗 会員名簿テーブルの重複レコード

| 会員名 ▾ | メールアドレス ▾ | 会員NO ▾ |
|---|---|---|
| 山崎 祥子 | yamazaki@xxx.xx | 17 |
| 山崎 祥子 | yamazaki@xxx.xx | 2 |
| 小山 純一 | koyama@xxx.xx | 20 |
| 小山 純一 | koyama@xxx.xx | 11 |
| 杉崎 裕也 | yuya@xxxx.xx | 14 |
| 杉崎 裕也 | yuya@xxxx.xx | 6 |
| * |  | (新規) |

# 2つのテーブルで一致しない データを抽出するには

## 不一致クエリ

📄 **練習用ファイル** 不一致クエリ.accdb

### 一方のテーブルにしかないデータを調べられる

会員名簿から「商品を購入していない会員」を調べたいというときでも、売り上げを記録したテーブルと名簿のテーブルがあれば、それらを簡単に比較できます。下の例を見てください。[Before] の左は、会員全員のレコードが記録されているテーブルです。右のテーブルには、商品の売上日と購入者の会員番号が記録されています。2つのテーブルには、「共通の会員番号」を [会員NO] フィールドに入力しています。そのため、不一致クエリを利用して [会員NO] フィールドの値を比較すれば、一方にしかないデータを簡単に抽出できるのです。

**Before**

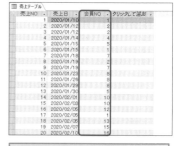

| 会員全員のレコードが入力されているテーブルと購入者の会員番号を入力したテーブルがある | [会員NO] フィールドを比較して、商品を購入していない会員だけを調べたい |

第4章 テーブルのデータを操作するクエリを覚える

## After

| 会員NO | 会員名 | メールアドレス | 登録日 |
|---|---|---|---|
| 3 | 篠田 由香里 | shinoda@xxx.xxx | 2018/09/12 |
| 6 | 杉崎 裕也 | yuya@xxxx.xx | 2019/07/21 |
| 9 | 徳山 三郎 | tokuyama@xx.xx | 2019/08/24 |
| 11 | 小山 純一 | koyama@xxx.xx | 2019/09/05 |
| * | (新規) | | |

不一致クエリで2つのテーブルを比較すれば、一方にしかないデータ（商品を購入していない会員）を抽出できる

---

# 1 [新しいクエリ] ダイアログボックスを表示する

| 練習用ファイルを開いておく | [クエリウィザード]を利用して、不一致クエリを作成する |
|---|---|

**1** [作成] タブをクリック

**2** [クエリウィザード] をクリック

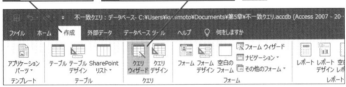

---

# 2 [不一致クエリウィザード] を起動する

[新しいクエリ] ダイアログボックスが表示された

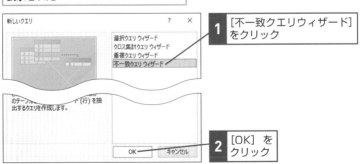

**1** [不一致クエリウィザード] をクリック

選択クエリ ウィザード
クロス集計クエリ ウィザード
重複クエリ ウィザード
不一致クエリ ウィザード

のテーブ... ...（行）を抽出するクエリを作成します。

**2** [OK] をクリック

次のページに続く

## 3 レコードを抽出するテーブルと比較するテーブルを選択する

| [不一致クエリウィザード] が<br>起動した | レコードの比較元となる<br>テーブルを選択する |
|---|---|

 **1** [テーブル] を<br>クリック

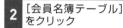 **2** [会員名簿テーブル]<br>をクリック

 **3** [次へ] を<br>クリック

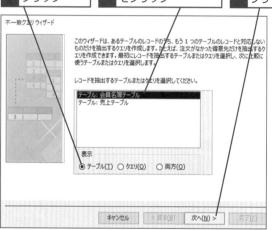

このウィザードは、あるテーブルのレコードのうち、もう 1 つのテーブルのレコードと対応しないものだけを抽出するクエリを作成します。たとえば、注文がなかった得意先だけを抽出するクエリを作成できます。最初にレコードを抽出するテーブルまたはクエリを選択し、次に比較に使うテーブルまたはクエリを選択します。

レコードを抽出するテーブルまたはクエリを選択してください。

テーブル: 会員名簿テーブル
テーブル: 売上テーブル

表示
⦿ テーブル(T) ○ クエリ(Q) ○ 両方(O)

キャンセル　< 戻る(B)　次へ(N) >　完了(F)

| 比較元のテーブルが選択された |
|---|

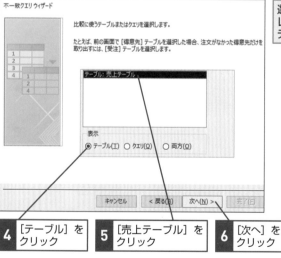

比較に使うテーブルまたはクエリを選択します。

たとえば、前の画面で [得意先] テーブルを選択した場合、注文がなかった得意先だけを取り出すには、[受注] テーブルを選択します。

テーブル: 売上テーブル

表示
⦿ テーブル(T) ○ クエリ(Q) ○ 両方(O)

キャンセル　< 戻る(B)　次へ(N) >　完了(F)

選択したテーブルと<br>レコードを比較する<br>テーブルを選択する

**4** [テーブル] を<br>クリック　　**5** [売上テーブル] を<br>クリック　　**6** [次へ] を<br>クリック

# 4 比較するフィールドを選択する

| 2つのテーブルで比較する<br>フィールドを選択する | ここでは、2つのテーブルに共通する<br>[会員NO]フィールドを指定する |
| --- | --- |

| **1** ['会員名簿テーブル'のフィールド]<br>の[会員NO]をクリック | **2** ['売上テーブル'のフィールド]<br>の[会員NO]をクリック |
| --- | --- |

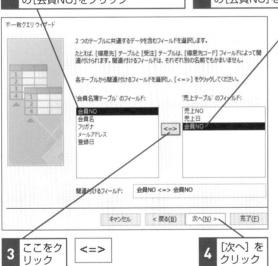

**3** ここをク<br>リック　`<=>`

**4** [次へ] を<br>クリック

次のページに続く

## 5 クエリの結果に表示するフィールドを選択する

| 比較するフィールド<br>が選択された | クエリの実行結果に表示したい<br>フィールドを追加する |
| --- | --- |

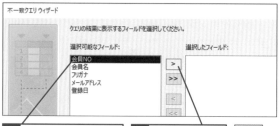

**1** [会員NO]をクリック **2** ここをクリック `>`

⚠ **間違った場合は?**

手順5で間違ったフィールドを追加した場合は、
追加したフィールドをクリックして選択し、`<`を
クリックして削除します。

## 6 続けてフィールドを選択する

| [会員NO] フィールドが<br>追加された | **1** 同様にして [会員名] [メールアドレス]<br>[登録日]のフィールドを追加 |
| --- | --- |

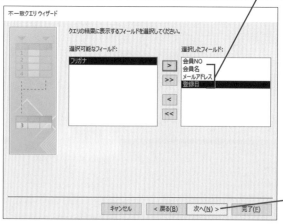

**2** [次へ] を
クリック

## 7 クエリを実行する

| クエリの実行結果に表示する<br>フィールドが選択された | ここでは自動で入力されたクエリ<br>名を変更せずに操作を進める |
|---|---|

**1** [クエリを実行して結果を<br>表示する]をクリック

**2** [完了]を<br>クリック

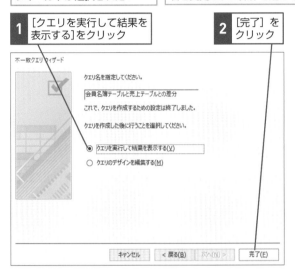

不一致クエリウィザード

クエリ名を指定してください。

会員名簿テーブルと売上テーブルとの差分

これで、クエリを作成するための設定は終了しました。

クエリを作成した後に行うことを選択してください。

◉ クエリを実行して結果を表示する(V)

○ クエリのデザインを編集する(M)

キャンセル | < 戻る(B) | 次へ(N) > | 完了(F)

## 8 不一致クエリの実行結果が表示された

| 不一致クエリが作成され、<br>実行結果が表示された | **1** 2つのテーブルで一致していない<br>レコードが表示されたことを確認 |
|---|---|

すべての Access... ⊙ «

検索... 🔎

テーブル　　　　　　　　　　　 ☆

　🔲 会員名簿テーブル

　🔳 売上テーブル

クエリ　　　　　　　　　　　　 ☆

　🔲 会員名簿テーブルと売上テーブ...

会員名簿テーブルと売上テーブルとの差分

| 会員NO ▾ | 会員名 ▾ | メールアドレス ▾ | 登録日 ▾ |
|---|---|---|---|
| 3 | 篠田 由香里 | shinoda@xxx.xxx | 2018/09/12 |
| 6 | 杉崎 裕也 | yuya@xxxx.xx | 2019/07/21 |
| 9 | 徳山 三郎 | tokuyama@xx.xx | 2019/08/24 |
| 11 | 小山 純一 | koyama@xxx.xx | 2019/09/05 |
| * (新規) | | | |

# 一方のテーブルのレコードを すべて表示するには

外部結合

📄 **練習用ファイル** 外部結合.accdb

## リレーションシップの結合の種類を理解しよう

2つのテーブルを元にクエリで1つの表を作成するには、結合フィールドを介してレコードを結合します。2つのテーブルのレコードには、結合フィールドの共通の値によって互いに結び付くことができるレコード、多側テーブルと結び付くことができない一側テーブルのレコード、一側テーブルと結び付くことができない多側テーブルのレコードの3種類あります。これら3種類のレコードのうち、クエリにどのレコードを表示するかを指定するための設定を結合の種類といいます。結合の種類には、「内部結合」「左外部結合」「右外部結合」の3種類があります。

◆一側テーブル

| 役職コード | 役職 |
|---|---|
| A | 部長 |
| B | 課長 |
| C | 主任 |
| D | アシスタント |

◆多側テーブル

| 社員NO | 社員名 | 役職コード |
|---|---|---|
| 1001 | 田中 | A |
| 1002 | 南 | B |
| 1003 | 佐々木 | C |
| 1004 | 新藤 | |
| 1005 | 岡田 | |

結合フィールドによって2つのテーブルをつなぎ合わせ、結合の種類を変更して必要なデータを表示する

## ●内部結合

結合フィールドの共通の値によって互いに結び付くことのできるレコードだけが表示される。

> 結合の種類を指定しなければ
> 内部結合になる

| 役職コード | 役職 | 社員 NO | 社員名 |
|---|---|---|---|
| A | 部長 | 1001 | 田中 |
| B | 課長 | 1002 | 南 |
| C | 主任 | 1003 | 佐々木 |

## ●左外部結合

一側テーブルのすべてのレコードが表示される。

> 一側テーブルのすべてのレコードを
> 表示し、対応する多側テーブルのレ
> コードを確認できる

| 役職コード | 役職 | 社員 NO | 社員名 |
|---|---|---|---|
| A | 部長 | 1001 | 田中 |
| B | 課長 | 1002 | 南 |
| C | 主任 | 1003 | 佐々木 |
| D | アシスタント | | |

## ●右外部結合

多側テーブルのすべてのレコードが表示される。

> 多側テーブルのすべてのレコードを
> 表示し、対応する一側テーブルのレ
> コードのみ表示できる

| 役職 | 社員 NO | 社員名 | 役職コード |
|---|---|---|---|
| 部長 | 1001 | 田中 | A |
| 課長 | 1002 | 南 | B |
| 主任 | 1003 | 佐々木 | C |
| | 1004 | 新藤 | |
| | 1005 | 岡田 | |

次のページに続く

## 外部結合すれば一方のテーブルのレコードをすべて表示できる

前ページの内部結合の図のように、結合の種類が初期設定の内部結合の
ままだと、結合フィールドである[役職コード]フィールドに共通のデー
タが入力されているレコードだけがクエリに表示されます。[社員テー
ブル]で役職のない社員も含めてすべてのレコードを表示したいときは、
[社員テーブル]が多側テーブルであることから、リレーションシップ
の結合の種類を右外部結合に変更します。結合の種類を変更するには、
クエリで追加した2つのテーブルを結ぶ結合線をダブルクリックし、表
示される[結合プロパティ]ダイアログボックスで設定します。

### Before

●社員テーブル

◆多側テーブル

●役職テーブル

◆一側テーブル

多側テーブルである[社員テーブ
ル]と一側テーブルである[役職テー
ブル]を右外部結合で結合する

### After

多側テーブルに対応する
一側テーブルのレコード
が表示される

多側テーブルのすべてのレコードが表示される

第4章 テーブルのデータを操作するクエリを覚える

# 1 [結合プロパティ] ダイアログボックスを表示する

| 練習用ファイルを開いておく | [クエリ1] をデザインビューで表示しておく |
|---|---|

| 右外部結合を利用して [社員テーブル] と [役職テーブル] を比較し、全社員の社員名を表示し、対応する役職名を表示する | **1** 結合線の斜めの部分をダブルクリック |
|---|---|

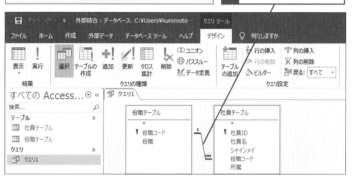

# 2 結合の種類を設定する

| [結合プロパティ] ダイアログボックスが表示された | 右外部結合を設定する |
|---|---|

| **1** [3] をクリック | **2** [OK] をクリック |
|---|---|

次のページに続く

## 3 右外部結合が設定された

多側テーブルから一側テーブル
に向かう矢印が表示された

右外部結合では、結合線が多側テーブル
から一側テーブルに向かう矢印になる

### ⚠ 間違った場合は?

手順3で結合線の矢印の向きが異なる場合は、結合の種類の選択が間違っています。手順1から操作をやり直しましょう。

### ☆ Hint!

#### 左外部結合を設定するには

左外部結合を設定する場合は、[結合プロパティ] ダイアログボックスで、[2]をクリックして選択し、[OK] ボタンをクリックします。左外部結合が設定されると、クエリのデザインビューの結合線が一側テーブルから多側テーブルに向かう矢印で表示されます。左外部結合に設定を変更すると、[役職テーブル] と [社員テーブル]を比較して、全役職の一覧を表示し、対応する社員を表示します。結果、社員が割り当てられていない役職を確認できます。

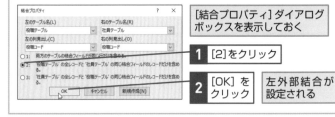

[結合プロパティ]ダイアログ
ボックスを表示しておく

**1** [2]をクリック

**2** [OK]を
クリック

左外部結合が
設定される

## 4 クエリを実行する

右外部結合が設定されたの
でクエリを実行する

**1** [実行]を
クリック

## 5 クエリの実行結果を確認する

クエリが実行
された

**1** 多側の社員テーブルの全社員のレコード
が表示されていることを確認

| 社員ID | 社員名 | シャインメイ | 役職コード | 役職 |
|---|---|---|---|---|
| 104801 | 近藤 俊彦 | コンドウ トシヒコ | | |
| 104902 | 斉藤 由紀子 | サイトウ ユキコ | | |
| 105101 | 鈴木 隆 | スズキ タカシ | | |
| 105102 | 室井 正二 | ムロイ ショウジ | | |
| 105201 | 曽根 由紀 | ソネ ユキ | | |
| 105301 | 高橋 勇太 | タカハシ ユウタ | | |
| 103502 | 田中 裕一 | タナカ ユウイチ | A | 部長 |
| 104203 | 荒井 忠 | アライ タダシ | A | 部長 |
| 103801 | 南 慶介 | ミナミ ケイスケ | B | 課長 |
| 104201 | 新藤 英子 | シンドウ エイコ | B | 課長 |
| 104301 | 山崎 幸彦 | ヤマザキ ユキヒコ | B | 課長 |
| 103802 | 佐々木 努 | ササキ ツトム | C | 主任 |
| 104402 | 戸田 あかね | トダ アカネ | C | 主任 |
| 104602 | 杉山 直美 | スギヤマ ナオミ | C | 主任 |
| 104701 | 小野寺 久美 | オノデラ クミ | C | 主任 |

## ☼ Hint!

### どの結合の種類を選べばいいか分からないときは

「左」と「右」や、「一側」と「多側」を意識し過ぎると、どの結合の種類を
選べばいいか混乱してしまいます。結合の種類を選ぶときは、[結合プロパ
ティ]ダイアログボックスに表示される説明文をよく読み、適切な選択肢を
選ぶといいでしょう。

結合するテーブルに合わせた
説明文が表示される

37

外部結合

できる | **133**

# 複数のテーブルを1つの テーブルにまとめるには

ユニオンクエリ

📄 練習用ファイル ユニオンクエリ.accdb

## ユニオンクエリで複数のテーブルを1つにまとめる

ユニオンクエリは、複数のテーブルやクエリのフィールドを1つに統合するクエリです。各テーブルのフィールド名やデータ型などが異なっていても統合できます。ただし、ユニオンクエリは、ほかのクエリのようにデザインビューで設定できないため、SQLビューを表示して、SQLという専門的な言語を使って直接SQLステートメント（SQLで記述された命令文）を記述して作成します。

### Before

[会員] テーブルは5つのフィールドで構成されている

[新規会員] テーブルは4つのフィールドで構成されている

↓

### After

フィールド名やフィールドの数が異なるテーブルのレコードを1つのテーブルにまとめられる

## ユニオンクエリの構文と記述例

ユニオンクエリは、SQLステートメントを使って記述します。

SELECT、FROM、UNIONといった予約語の役割を確認しましょう。

●ユニオンクエリでよく使う予約語

| 予約語 | 役割 |
|--------|------|
| SELECT | 指定したフィールドでテーブルまたはクエリからレコードを取り出す |
| FROM | レコードを取り出すテーブルまたはクエリを指定する |
| UNION | テーブルまたはクエリを結合する |

●ユニオンクエリの構文

```
SELECT テーブル名1.フィールド名1,テーブル名1.フィールド名2……↵
FROM テーブル名1 ↵
UNION SELECT テーブル名2.フィールド名1,テーブル名2.フィールド名2……↵
FROM テーブル名2;
```

●構文の使用例

| 予約語とテーブル名の間は半角スペースを入れる | テーブル名とフィールド名の間には「.」（ピリオド）を入力する | 続けてフィールド名を指定するときは「,」（カンマ）を入力する |
|---|---|---|

① SELECT 会員.会員NO,会員.会員名,会員.メールアドレス,会員.登録日 ↵
② FROM 会員 ↵
③ UNION SELECT 新規会員.会員ID,新規会員.会員名,新規会員.Eメール,新規会員.入会日 ↵
④ FROM 新規会員;

| SQLステートメントを終了するときは「;」（セミコロン）を入力する | 次の予約語を入力するときは改行する |
|---|---|

●構文の意味

| ① [会員NO][会員名][メールアドレス][登録日] のフィールドを |
|---|
| ② [会員] テーブルから選択し、 |
| ③ [会員ID][会員名][Eメール][入会日] のフィールドを |
| ④ [新規会員] テーブルから選択して結合する |

**次のページに続く**

# 1 新規クエリを作成する

| 練習用ファイルを開いておく | ここでは、テーブルを追加せずに新規クエリを作成する |
|---|---|

**1** [作成] タブをクリック

**2** [クエリデザイン] をクリック

| [テーブルの表示] ダイアログボックスが表示された |
|---|

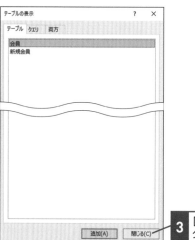

**3** [閉じる] をクリック

## ☆ Hint!

### テーブル名やフィールド名を角かっこで囲む場合もある

通常は、テーブル名やフィールド名はそのまま記述することができますが、テーブル名やフィールド名にスペースが含まれていたり、SELECTやFROMのような予約語と同じだったりする場合は、「[]」(角かっこ) で囲んで記述します。

## ·Ö·Hint!
### ユニオンクエリからデータの変更はできない

ユニオンクエリの実行結果は、参照用であるためデータの変更ができません。データを変更する場合は、それぞれのテーブルで行います。ユニオンクエリの結果を元にテーブル作成クエリを実行すれば、新規テーブルが作成でき、結合したテーブルでデータを修正できます。

## ·Ö·Hint!
### SELECT句のテーブル名は省略できる

手順3では、SELECT句とUNION SELECT句で、「テーブル名.フィールド名」と指定していますが、それぞれ1つのテーブルから取り出しているため、テーブル名を省略して次のように記述することもできます。本書では、Accessで自動生成されるSQLステートメントに記述方法を合わせているため、テーブル名も指定しています。

> 赤線部分のテーブル名は
> 省略して記述できる

```
SELECT 会員.会員NO,会員.会員名,会員.メールアドレス,会員.登録日 ↵
FROM 会員 ↵
UNION SELECT 新規会員.会員ID,新規会員.会員名,新規会員.Eメール,新規会員.入会日 ↵
FROM 新規会員;
```

# 2 クエリの種類を変更する

| 新規クエリが<br>作成された | クエリの種類をユニオンクエリに<br>変更する |
| --- | --- |

| **1** [クエリツール]の[デザイン]<br>タブをクリック | **2** [ユニオン]を<br>クリック |  |
| --- | --- | --- |

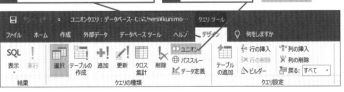

次のページに続く ▶

## 3 SQLステートメントを入力する

| SQLビューに<br>切り替わった | **1** | 以下のようにSQLステート<br>メントを入力 |
|---|---|---|

SELECT 会員.会員NO,会員.会員名,会員.メール
アドレス,会員.登録日 ↵
FROM 会員 ↵
UNION SELECT 新規会員.会員ID,新規会員.会員
名,新規会員.Eメール,新規会員.入会日 ↵
FROM 新規会員;

テーブル名、フィールド名以外は
半角で入力する

---

**クエリ1**

SELECT 会員.会員NO, 会員.会員名, 会員.メールアドレス, 会員.登録日
FROM 会員
UNION SELECT 新規会員.会員ID, 新規会員.会員名, 新規会員.Eメール, 新規会員.入会日
FROM 新規会員;

### ·☼· Hint!

**SQLステートメントを記述するときの注意点**

SQLステートメントでは、「SELECT」、「FROM」、「UNION」のようにあらかじめ意味が決められているものがあります。これを予約語といいます。SQLステートメントを記述するときは、SELECTのような予約語と文字の間は、必ず半角のスペースを空けます。全角スペースやスペースがない場合は、エラーになってしまうので注意しましょう。また、SQLステートメントを終了する場合は、必ず半角の「;」(セミコロン)を記述します。

### ·☼· Hint!

**2つのテーブルで重複するレコードがあるときは**

ユニオンクエリは、テーブルを1つにまとめたとき重複するレコードがあると、重複部分を自動的に削除して表示します。重複するレコードも含めてすべてのレコードを表示するには、「UNION」に続けて「ALL」を付けて「UNION ALL」と記述します。

## 4 ユニオンクエリを実行する

| SQLステートメント<br>が入力された | ユニオンクエリを実行して正しく<br>動作することを確認する |

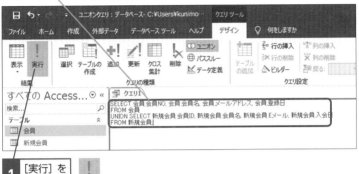

```
SELECT 会員.会員NO, 会員.会員名, 会員.会員メールアドレス, 会員.会員登録日
FROM 会員
UNION SELECT 新規会員.会員ID, 新規会員.会員名, 新規会員.Eメール, 新規会員.入会日
FROM 新規会員;
```

**1** [実行] を<br>クリック

ユニオンクエリが実行され、[会員] テーブルから選択
した4つのフィールドと [新規会員] テーブルから選択
した4つのフィールドが結合される

| 会員NO | 会員名 | | メールアドレ | 登録日 |
|---|---|---|---|---|
| K001 | 鈴木 | 慎吾 | s_suzuki@xxx.j | 2020/01/10 |
| K002 | 山崎 | 祥子 | yamazaki@xxx. | 2020/02/06 |
| K003 | 篠田 | 由香里 | shinoda@xxx.c | 2020/03/12 |
| K004 | 西村 | 由紀 | nishimura@xxx | 2020/04/13 |
| N001 | 金沢 | 紀子 | kanazawa@xxx | 2020/05/01 |
| N002 | 山下 | 雄介 | yamasita@xxx. | 2020/05/03 |
| N003 | 渡辺 | 友和 | watanabe@xx) | 2020/05/06 |

### ⚠ 間違った場合は?

ユニオンクエリを実行したときにエラーメッセー
ジが表示されたときは、SQLステートメントの記
述が間違っている可能性があります。[はい] ボタ
ンをクリックしてエラーメッセージを閉じて、
SQLステートメントを入力し直しましょう。

## この章のまとめ

## テーブル操作に役立つクエリを覚えてステップアップしよう

アクションクエリ、重複クエリ、不一致クエリ、ユニオンクエリは、選択クエリほど頻繁に利用されませんが、業務に役立つ便利なクエリです。アクションクエリは、テーブルのデータをメンテナンスする上でとても重要です。テーブル作成クエリ、更新クエリ、削除クエリそれぞれのアクションクエリの特徴を理解し、作成方法をマスターしましょう。また、重複クエリ、不一致クエリは、デザインビューから作成しようとすると設定が複雑ですが、ウィザードを使えば簡単に作成できます。ユニオンクエリは、SQLを使用して記述するため、少しハードルが高いですが、デザインビューでは設定できない複雑なクエリの作成が可能です。また、リレーションシップの結合で、内部結合、左外部結合、右外部結合のそれぞれの内容と設定方法を覚えておくと、いろいろな形でレコードを表示できるようになります。この章で紹介したクエリを覚えれば、Accessのスキルをワンステップ引き上げることができます。

### 高度なクエリを覚える

基本的なクエリをマスターしたら、アクションクエリ、不一致クエリ、重複クエリ、ユニオンクエリといった応用性の高いクエリを覚えておく

第 **5** 章

# データの集計や
# 分析にクエリを使う

Accessにはデータを集計するための手
段として、選択クエリの集計機能を使用
する方法やクロス集計クエリを使用する
方法が用意されています。この章では、
これらの方法を使ってデータを集計する
手順を解説します。データを集計して、
いろいろな角度からデータを見てみま
しょう。

# データを集めて分析する
# クエリを確認しよう

集計

## 集計クエリはデータ分析の基本

データベースに蓄積したデータを元にデータ分析を行って、業務に生かしたいことがあります。そのようなときに活躍するのが「集計クエリ」です。集計クエリとは、同じ種類のレコードをグループ化して集計を行うクエリのことです。例えば、どの商品がどれだけ売れたかを調べるには、[商品] フィールドをグループ化して [数量] を合計します。商品ごとの売上数を集計することで、売れ筋商品や売れ行きの悪い商品がひと目で分かります。

第5章

データの集計や分析にクエリを使う

テーブルから商品名と数量を抜き出しただけでは、どの商品がどれだけ売れたのかが分かりづらい

| クエリ1 | |
|---|---|
| 商品名 | 数量 |
| ラビットフード | 2 |
| 成犬用フード | 2 |
| 猫砂(パルプ) | 1 |
| 猫砂(木製) | 1 |
| ペットシーツ大 | 1 |
| ミックスフード | 2 |
| 子犬用フード | 1 |
| 成犬用フード | 1 |
| グリルフィッシュ | 1 |
| チキンジャーキー | 1 |
| 煮干しふりかけ | 1 |
| グリルフィッシュ | 2 |
| 子猫用フード | 1 |
| ラビットフード | 2 |
| グリルフィッシュ | 3 |
| はぶらしガム | 2 |
| 子犬用フード | 3 |
| ペットシーツ小 | 4 |
| 子犬用フード | 1 |
| 子犬用フード | 1 |

集計クエリを使えばどの商品がどれだけ売れたのかがひと目で分かる

| クエリ1 | |
|---|---|
| 商品名 | 数量の合計 |
| グリルフィッシュ | 93 |
| チキンジャーキー | 109 |
| はぶらしガム | 99 |
| ペットシーツ小 | 116 |
| ペットシーツ大 | 130 |
| ミックスフード | 91 |
| ラビットフード | 58 |
| 子犬用フード | 113 |
| 子猫用フード | 89 |
| 煮干しふりかけ | 97 |
| 小動物用トイレ砂 | 69 |
| 成犬用フード | 136 |
| 成猫用フード | 94 |
| 猫砂(パルプ) | 100 |
| 猫砂(木製) | 36 |

→

## クロス集計クエリで2段階の集計が見やすくなる

Accessの集計機能には、集計クエリのほかに「クロス集計クエリ」があります。クロス集計クエリは、段階的にグループ化を行った集計クエリを2次元の表として見やすく表示するクエリのことです。例えば、[商品名]と[地域]の2フィールドをグループ化して売上金額を集計する場合、通常の集計クエリでは、商品と地域、金額が縦に1列ずつ並びます。これを、商品名は縦方向のまま地域を横方向に組み直したものが、クロス集計表です。商品名と地域が縦横に整理されて並ぶので、目的のデータが探しやすくなります。また、商品ごとの売り上げの傾向や、地域ごとの売り上げの傾向も把握しやすくなります。クロス集計クエリを作成することで、データ分析の効率も上がるのです。

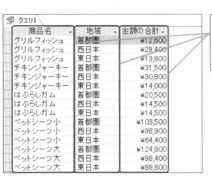

◆2段階の集計クエリ
商品名と地域、金額が縦1列に並んでいるので、各地域で何がどれだけ売れているのかが分からない

◆クロス集計クエリ
どの地域で商品がどれだけ売れているのかが、ひと目で分かる

# 「合計」「平均」「最大」「最小」 などのデータを集計するには

グループ集計

📄 **練習用ファイル グループ集計.accdb**

## 同じフィールドのデータをグループ化して集計できる

テーブルに蓄積したデータをそのまま眺めていても、データの変化や傾向は分かりません。しかしクエリを使ってグループ集計を行うと、いろいろなことが見えてきます。集計によって、商品の売り上げの傾向が分かったり、支店別の売り上げを比較できたりします。集計方法も、合計や平均、最大値、最小値など多彩です。大切なことは、どの項目をグループ化して、どのような計算を行えば自分に必要な情報が得られるのかを具体的にイメージすることです。

### Before

商品ごとの売上数を知りたい

| クエリ1 | |
|---|---|
| 商品名 | 数量 |
| ラビットフード | 2 |
| 成犬用フード | 2 |
| 猫砂（パルプ） | 1 |
| 猫砂（木製） | 1 |
| ペットシーツ大 | 1 |
| ミックスフード | 2 |
| 子犬用フード | 1 |
| 成犬用フード | 1 |
| グリルフィッシュ | 1 |
| チキンジャーキー | 1 |
| 煮干しふりかけ | 1 |
| グリルフィッシュ | 2 |
| 子猫用フード | 1 |
| ラビットフード | 2 |
| グリルフィッシュ | 3 |
| はぶらしガム | 2 |
| 子犬用フード | 3 |

→

### After

集計方法を[合計]にすることで、商品ごとの売上数がひと目で分かる

| クエリ1 | |
|---|---|
| 商品名 | 数量の合計 |
| グリルフィッシュ | 93 |
| チキンジャーキー | 109 |
| はぶらしガム | 99 |
| ペットシーツ小 | 116 |
| ペットシーツ大 | 130 |
| ミックスフード | 91 |
| ラビットフード | 58 |
| 子犬用フード | 113 |
| 子猫用フード | 89 |
| 煮干しふりかけ | 97 |
| 小動物用トイレ砂 | 69 |
| 成犬用フード | 136 |
| 成猫用フード | 94 |
| 猫砂（パルプ） | 100 |
| 猫砂（木製） | 36 |

# 1 選択クエリを作成する

| 練習用ファイルを開いておく | レッスン7を参考に、[テーブルの表示] ダイアログボックスを表示しておく |
| --- | --- |

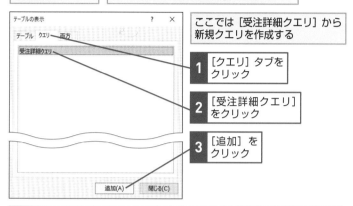

ここでは [受注詳細クエリ] から新規クエリを作成する

**1** [クエリ] タブをクリック

**2** [受注詳細クエリ] をクリック

**3** [追加] をクリック

[閉じる] をクリックして [テーブルの表示] ダイアログボックスを閉じておく

**4** [商品名] と [数量] のフィールドを追加

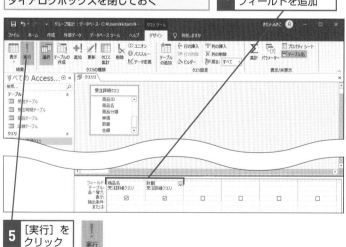

**5** [実行] をクリック

次のページに続く▶

## 2 デザインビューに切り替える

| 選択クエリが実行された | 1 追加したフィールドが正しく表示されていることを確認 |

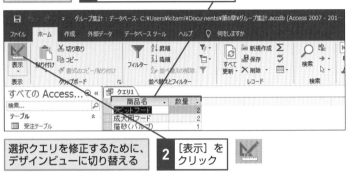

| 選択クエリを修正するために、デザインビューに切り替える | 2 [表示] をクリック |

## 3 [集計] 行を表示する

| デザインビューに切り替わった | 選択クエリを集計クエリに変更する | 1 [集計] をクリック |

### ☆ Hint!

**選択クエリを作成してから集計クエリに変更する**

集計クエリは、ほかの多くのクエリと同様、選択クエリから作成します。ただし、集計クエリはあくまで選択クエリの一種で、集計クエリという名前のクエリの分類があるわけではありません。

## ☆Hint!

**集計を解除するには**

集計を解除してすべてのレコードを表示するには、デザインビューで[クエリツール]の[デザイン]タブにある[集計]ボタンをクリックして集計行を非表示にします。

---

# 4 集計方法を設定する

選択クエリが集計クエリに変更され、[集計]行が表示された

ここでは、商品ごとに数量の合計を求める

**1** [集計]行に[グループ化]と表示されていることを確認

[数量]フィールドの集計方法を[合計]に変更する

**2** [数量]フィールドの[集計]行をクリック

**3** ここをクリック

**4** [合計]をクリック

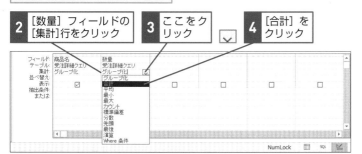

プロパティシートが表示されたときは、[プロパティシート]の右に表示された[閉じる]をクリックしておく

次のページに続く ▷

## 5 クエリを実行する

| 集計方法が変更された | クエリを実行して正しく集計できることを確認する | **1** [実行] をクリック |
|---|---|---|

### ᵠ Hint!
**集計するフィールドの名前を変更するには**

集計するフィールドには、数量の合計のような名前が自動的に設定されます。フィールド名を変更するときは、デザイングリッドの [フィールド] に「別名:フィールド名」の形式で名前を入力しましょう。下の例では、フィールド名が「合計数量」に変更されます。

| フィールド名の前に名前と「:」を入力すると、フィールド名を変更できる |
|---|

### ᵠ Hint!
**平均やデータ数も集計できる**

手順4の操作4のリストには、[合計] のほかにも、[平均] [最小] [最大] [カウント] などの集計方法が用意されており、目的に応じて利用できます。ただし、フィールドのデータ型によって使用できる集計方法は異なります。例えばテキスト型のフィールドで [合計] を選択すると、エラーになるので注意しましょう。なお[カウント]では入力されたデータ数だけがカウントされ、Null値（データが入力されていない空白のフィールド）は除外されます。

## 6 グループ化された集計結果が表示された

クエリが実行された

**1** [数量の合計] フィールドに商品の合計数が表示されていることを確認

| 商品名 | 数量の合計 |
|---|---|
| グリルフィッシュ | 93 |
| チキンジャーキー | 109 |
| はぶらしガム | 99 |
| ペットシーツ小 | 116 |
| ペットシーツ大 | 130 |
| ミックスフード | 91 |
| ラビットフード | 58 |
| 子犬用フード | 113 |
| 子猫用フード | 89 |
| 煮干しふりかけ | 97 |
| 小動物用トイレ砂 | 69 |
| 成犬用フード | 136 |
| 成猫用フード | 94 |
| 猫砂(パルプ) | 100 |
| 猫砂(木製) | 36 |

### ⋄ Hint!

#### 商品名を商品ID順に並べるには

「商品を商品ID順に並べて集計したい」というときは、デザインビューで [商品ID] フィールドを追加し、その [並べ替え] 行で [昇順] を選択します。クエリの結果に商品IDを表示する必要がない場合は、[表示] をクリックしてチェックマークをはずしておくといいでしょう。

**1** [商品ID] フィールドの [並べ替え] 行で [昇順] を選択

**2** [表示] をクリックしてチェックマークをはずす

クエリを実行すると、非表示にした [商品ID] フィールドの昇順でレコードが並べ替えられる

# 複数のフィールドで グループ化するには
複数レベル

📄 練習用ファイル　複数レベル.accdb

## 優先順位を決めて複数項目でグループ化しよう

レッスン40では商品ごとの売上数を求めましたが、地域ごとや商品ごとなど、複数の項目で集計したいこともあるでしょう。クエリでは、グループ集計を行うときにグループ化するフィールドを複数指定できます。その際のポイントは、グループ化の優先順位を考えることです。例えば、地域と商品をグループ化して売り上げを集計する場合、地域を優先すれば「各地域でどの商品で売れているか」、商品を優先すれば「各商品がどの地域で売れているか」を、より鮮明にできます。このレッスンでは、地域を優先して、地域と商品分類でグループ化して売上金額を集計します。

### Before

| 地域 | 商品分類 | 金額 |
|---|---|---|
| 首都圏 | フード | ¥1,400 |
| 首都圏 | フード | ¥5,800 |
| 首都圏 | 衛生 | ¥2,600 |
| 首都圏 | 衛生 | ¥1,600 |
| 首都圏 | 衛生 | ¥2,400 |
| 西日本 | フード | ¥1,000 |
| 西日本 | フード | ¥1,800 |
| 西日本 | フード | ¥2,900 |
| 西日本 | おやつ | ¥600 |
| 西日本 | おやつ | ¥700 |
| 東日本 | おやつ | ¥400 |
| 東日本 | おやつ | ¥1,200 |
| 西日本 | フード | ¥1,500 |
| 西日本 | フード | ¥1,400 |
| 首都圏 | おやつ | ¥1,800 |
| 首都圏 | おやつ | ¥1,000 |

どの地域で何がどれだけ
売れているかを調べたい

### After

| 地域 | 商品分類 | 金額の合計 |
|---|---|---|
| 首都圏 | おやつ | ¥82,200 |
| 首都圏 | フード | ¥440,300 |
| 首都圏 | 衛生 | ¥411,900 |
| 西日本 | おやつ | ¥86,700 |
| 西日本 | フード | ¥363,300 |
| 西日本 | 衛生 | ¥296,700 |
| 東日本 | おやつ | ¥51,500 |
| 東日本 | フード | ¥248,800 |
| 東日本 | 衛生 | ¥291,300 |

各地域で売れている商品が
ひと目で分かる

# [集計] 行を表示して集計方法を設定する

| 練習用ファイルを開いておく | レッスン40を参考に、[受注詳細クエリ]から新規クエリを作成して[地域][商品分類][金額]のフィールドを追加しておく |
|---|---|

左のグループが優先的に集計されるため、フィールドを追加するときは順番に注意する

**1** [集計]をクリック

| [集計] 行が表示された | ここでは、地域ごと、かつ商品分類ごとの金額を集計する |
|---|---|

**2** [集計]行に[グループ化]と表示されていることを確認

**3** [金額]フィールドの[集計]行をクリック

**4** ここをクリック

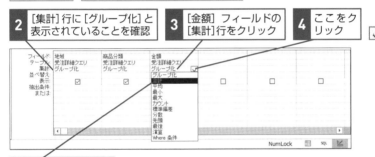

**5** [合計]をクリック

| 集計方法が設定された | **6** [実行]をクリック |
|---|---|

設定した集計方法でクエリの実行結果が表示される

# 演算フィールドを使って集計するには
## 演算フィールドの集計

📄 練習用ファイル　演算フィールドの集計.accdb

## 計算結果を集計できる

クエリでグループ集計を行うとき、集計に使用できるのはフィールドに入力されたデータだけではありません。フィールドのデータを使って計算した結果に対しても、集計を行うことができます。このレッスンでは、[単価] フィールドと [数量] フィールドを掛け合わせて金額を計算し、その金額の値を集計します。あらかじめ計算を行った別のクエリを用意しておかなくても、その場で計算した値を集計できるので便利です。このような四則演算の計算はもちろん、関数を使用して得た結果に対しても集計を行えます。データを加工して集計することで、自分に必要なデータをすぐに求められます。

### After

| 店舗ID | 店舗名 | 合計金額 |
|---|---|---|
| 1 | 東京本店 | ¥285,900 |
| 2 | 横浜店 | ¥249,200 |
| 3 | 大阪店 | ¥226,300 |
| 4 | 浦和店 | ¥144,000 |
| 5 | 名古屋店 | ¥238,500 |
| 6 | 札幌店 | ¥124,600 |
| 7 | 宇都宮店 | ¥125,400 |
| 8 | 水戸店 | ¥65,100 |
| 9 | 松山店 | ¥60,300 |
| 10 | 福岡店 | ¥86,000 |
| 11 | 仙台店 | ¥155,000 |
| 12 | 船橋店 | ¥82,100 |
| 13 | 神戸店 | ¥135,600 |
| 14 | 池袋店 | ¥173,200 |
| 15 | 盛岡店 | ¥121,500 |

算術演算子を利用して、売上金額の合計を表示できる

### ●このレッスンで使う演算子

| 構文 | 演算フィールド名:[ フィールド名 ]*[ フィールド名 ] |
|---|---|
| 例 | 合計金額:[ 単価 ]*[ 数量 ] |
| 説明 | [単価] と [数量] を掛けて売上金額を求め、[合計金額] フィールドに表示する。[合計金額] を [合計] で集計すると、売上金額の合計が表示される |

# [集計] 行を表示して集計方法を設定する

| 練習用ファイルを開いておく | レッスン40を参考に、[受注詳細クエリ]から新規クエリを作成して、[店舗ID]と[店舗名]のフィールドを追加しておく |
|---|---|

[合計金額] フィールドを追加して、[単価] と [数量] のフィールドを掛け合わせる式を入力する

**1** 列の境界線をここまでドラッグ

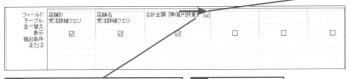

**2** ここに「合計金額:[単価]*[数量]」と入力

**3** Enter キーを押す

集計を行うために [集計] 行を表示する

**4** [集計] をクリック

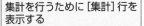

[集計]行が表示された

**5** [集計] 行に [グループ化] と表示されていることを確認

**6** [合計金額] フィールドの[集計]行をクリック

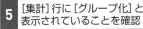

**7** ここをクリック

**8** [合計] をクリック

**9** [実行] をクリック

[合計金額] フィールドに [単価] と[数量] のフィールドの数値を掛け合わせて合計した値が表示される

# 条件に一致したデータを集計するには

## Where条件

📄 練習用ファイル Where条件.accdb

## 必要なデータを抽出してから集計できる

最近の商品の売れ行きを調べたいときに、これまで蓄積したすべての売り上げデータを集計しても意味がありません。そのようなときは、最近の売り上げデータを抽出してから集計を行いましょう。集計クエリでは、「Where条件」という抽出条件を設定することにより、必要なデータを対象に集計を行えます。

### Before

| クエリ1 | | |
|---|---|---|
| 店舗ID | 店舗名 | 金額の合計 |
| 1 | 東京本店 | ¥285,900 |
| 2 | 横浜店 | ¥249,200 |
| 3 | 大阪店 | ¥226,300 |
| 4 | 浦和店 | ¥144,000 |
| 5 | 名古屋店 | ¥238,500 |
| 6 | 札幌店 | ¥124,600 |
| 7 | 宇都宮店 | ¥125,400 |
| 8 | 水戸店 | ¥65,100 |
| 9 | 松山店 | ¥60,300 |
| 10 | 福岡店 | ¥86,000 |

過去すべての受注額ではなく、2020年からの受注額だけを集計したい

### After

| クエリ1 | | |
|---|---|---|
| 店舗ID | 店舗名 | 金額の合計 |
| 1 | 東京本店 | ¥54,800 |
| 2 | 横浜店 | ¥81,800 |
| 3 | 大阪店 | ¥57,100 |
| 4 | 浦和店 | ¥33,600 |
| 5 | 名古屋店 | ¥46,500 |
| 6 | 札幌店 | ¥21,500 |
| 7 | 宇都宮店 | ¥26,400 |
| 8 | 水戸店 | ¥7,100 |
| 9 | 松山店 | ¥16,300 |
| 10 | 福岡店 | ¥10,100 |

「2020年1月1日以降」という条件に当てはまるレコードだけを集計できる

### ●このレッスンで使う演算子

| 構文 | 比較演算子 |
|---|---|
| 例 | >=2020/01/01 |
| 説明 | 指定したフィールドから「2020年1月1日以降」のレコードを抽出する |

### ●比較演算子の種類

| 比較演算子 | 説明 |
|---|---|
| = | 等しい |
| < | より小さい |
| > | より大きい |
| <= | 以下 |
| >= | 以上 |
| <> | 等しくない |

## Hint!
### 数値や文字列を条件にできる

ここでは、日付/時刻型のフィールドに抽出条件を設定しましたが、数値型や短いテキストのフィールドにも抽出条件を設定できます。レッスン22で解説した比較演算子を使って抽出するレコードの範囲を指定したり、レッスン24で解説したワイルドカードを使ってあいまいな条件を指定したりすることも可能です。

# 1 抽出条件を設定して［集計］行を表示する

| 練習用ファイルを開いておく | レッスン40を参考に、［受注詳細クエリ］から新規クエリを作成して、［店舗ID］［店舗名］［金額］［受注日]のフィールドを追加しておく |

ここでは、［受注日］の日付が「2020年1月1日」以降のレコードで金額の合計を表示する

| ［受注日］フィールドに抽出条件を設定する | **1** | ［受注日］フィールドの[抽出条件]行をクリック |

| **2** | 「>=2020/01/01」と入力 | **3** | Enter キーを押す |

| 抽出条件が設定された | 設定した条件に一致するデータを集計するために[集計]行を表示する | **4** | ［集計］をクリック | Σ 集計 |

次のページに続く

## 2 集計方法を設定する

| [集計] 行が表示された | ここでは、[金額] フィールドの集計方法を[合計]に設定する |
|---|---|

**1** [集計] 行に [グループ化] と表示されていることを確認

**2** [金額] フィールドの [集計] 行をクリック

**3** ここをクリック

**4** [合計]をクリック

## 3 Where条件を設定する

| 集計方法が設定された | 手順1で設定した抽出条件を満たすレコードだけを抽出するために、[受注日]フィールドにWhere条件を設定する |
|---|---|

**1** [受注日] フィールドの [集計]行をクリック

**2** ここをクリック

**3** [Where条件] をクリック

**4** [表示] のチェックマークがはずれていることを確認

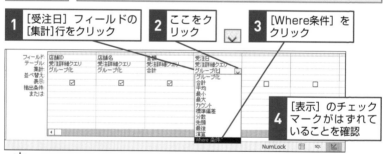

### ♡ Hint!
#### Where条件って何?

Where条件は、集計対象のレコードを絞り込むための抽出条件で、通常、集計クエリに表示するフィールド以外のフィールドに設定します。Where条件を設定したフィールドは、自動的に [表示] のチェックマークがはずれ、データシートビューには表示されません。

# 4 クエリを実行する

集計方法とWhere条件が
設定された

**1** [実行] を
クリック

実行

クエリが実行
された

**2** 設定した集計方法とWhere条件でクエリの実行
結果が表示されていることを確認

| 店舗ID | 店舗名 | 金額の合計 |
|---|---|---|
| 1 | 東京本店 | ¥54,800 |
| 2 | 横浜店 | ¥81,800 |
| 3 | 大阪店 | ¥57,100 |
| 4 | 浦和店 | ¥33,600 |
| 5 | 名古屋店 | ¥46,500 |
| 6 | 札幌店 | ¥21,500 |
| 7 | 宇都宮店 | ¥26,400 |
| 8 | 水戸店 | ¥7,100 |
| 9 | 松山店 | ¥16,300 |
| 10 | 福岡店 | ¥10,100 |
| 11 | 仙台店 | ¥35,400 |
| 12 | 船橋店 | ¥10,000 |
| 13 | 神戸店 | ¥29,300 |
| 14 | 池袋店 | ¥42,700 |
| 15 | 盛岡店 | ¥26,800 |

## ☼ Hint!

### パラメータークエリも集計できる

集計する時点で抽出条件を指定したいときは、パラメータークエリを元に集
計を行います。その場合、手順2で抽出条件を「>=2020/01/01」と入
力する代わりに、「>= [いつから?]」のようにメッセージを「[]」で囲ん
で入力します。このクエリを元に手順3以降の操作を行うと、クエリを実行
するときにダイアログボックスが表示されて、その場で抽出条件を指定でき
ます。パラメータークエリについては、レッスン27で詳しく解説しています。

クエリを実行してから
抽出条件を指定できる

# クロス集計表を 作成するには

クロス集計

📄 **練習用ファイル クロス集計.accdb**

## 行と列に項目を配置して見やすい集計表を作ろう

選択クエリの集計機能を使って集計を行うと、集計結果が縦方向に表示されます。しかし、項目数が多いと集計表が縦長になり、見づらくなります。こんなときは、集計クエリをクロス集計クエリに変換してみましょう。クロス集計クエリとは、グループ化したフィールドのうち1つを列見出しに表示して、行と列のクロスする部分に集計結果を表示する二次元の集計表です。集計結果をクロス集計表で表示することにより、データが格段に見やすくなります。集計クエリから簡単にクロス集計クエリを作成できるので、ぜひ試してみましょう。

### Before

商品名と地域が縦に並んでいて、どの地域で何が売れているのかが分かりにくい

| 商品名 | 地域 | 金額の合計 |
|---|---|---|
| グリルフィッシュ | 首都圏 | ¥12,600 |
| グリルフィッシュ | 西日本 | ¥29,400 |
| グリルフィッシュ | 東日本 | ¥13,800 |
| チキンジャーキー | 首都圏 | ¥31,500 |
| チキンジャーキー | 西日本 | ¥30,800 |
| チキンジャーキー | 東日本 | ¥14,000 |
| はぶらしガム | 首都圏 | ¥20,500 |
| はぶらしガム | 西日本 | ¥14,500 |
| はぶらしガム | 東日本 | ¥14,500 |
| ペットシーツ小 | 首都圏 | ¥103,500 |
| ペットシーツ小 | 西日本 | ¥98,900 |
| ペットシーツ小 | 東日本 | ¥64,400 |
| ペットシーツ大 | 首都圏 | ¥124,800 |
| ペットシーツ大 | 西日本 | ¥98,400 |
| ペットシーツ大 | 東日本 | ¥88,800 |
| ミックスフード | 首都圏 | ¥25,000 |
| ミックスフード | 西日本 | ¥12,000 |
| ミックスフード | 東日本 | ¥8,500 |
| ラビットフード | 首都圏 | ¥10,500 |
| ラビットフード | 西日本 | ¥17,500 |
| ラビットフード | 東日本 | ¥12,600 |
| 子犬用フード | 首都圏 | ¥81,000 |

### After

地域を列見出しに表示することで、何がどこで売れているのかがすぐ分かる

| 商品名 | 首都圏 | 西日本 | 東日本 |
|---|---|---|---|
| グリルフィッシュ | ¥12,600 | ¥29,400 | ¥13,800 |
| チキンジャーキー | ¥31,500 | ¥30,800 | ¥14,000 |
| はぶらしガム | ¥20,500 | ¥14,500 | ¥14,500 |
| ペットシーツ小 | ¥103,500 | ¥98,900 | ¥64,400 |
| ペットシーツ大 | ¥124,800 | ¥98,400 | ¥88,800 |
| ミックスフード | ¥25,000 | ¥12,000 | ¥8,500 |
| ラビットフード | ¥10,500 | ¥17,500 | ¥12,600 |
| 子犬用フード | ¥81,000 | ¥61,200 | ¥61,200 |
| 子猫用フード | ¥34,500 | ¥40,500 | ¥58,500 |
| 煮干しふりかけ | ¥17,600 | ¥12,000 | ¥9,200 |
| 小動物用トイレ砂 | ¥42,000 | ¥33,000 | ¥28,500 |
| 成犬用フード | ¥194,300 | ¥142,100 | ¥58,000 |
| 成猫用フード | ¥95,000 | ¥90,000 | ¥50,000 |
| 猫砂（バルプ） | ¥114,400 | ¥52,000 | ¥93,600 |
| 猫砂（木製） | ¥27,200 | ¥14,400 | ¥16,000 |

## ⚡ Hint!

**クロス集計って何?**

2つのフィールドをグループ化して、そのうち1つを縦軸に、もう1つを横軸
に配置して集計を行うことをクロス集計といいます。クロス集計を行うと、
集計結果を二次元の表に見やすくまとめることができます。

---

## 1 [集計] 行を表示して集計方法を設定する

| 練習用ファイルを開いておく | レッスン40を参考に、[受注詳細クエリ] から新規クエリを作成して、[商品名] [地域] [金額]のフィールドを追加しておく |
|---|---|

| 最初に集計クエリを作成してからクロス集計クエリに変更する | **1** [集計] をクリック |
|---|---|

| [集計] 行が表示された | ここでは、商品名ごと、かつ地域ごとの金額を集計する |
|---|---|

| **2** [集計] 行に [グループ化] と表示されていることを確認 | **3** [金額] フィールドのここをクリックして[合計]を選択 |
|---|---|

| フィールド | 商品名 | 地域 | 金額 | | | |
|---|---|---|---|---|---|---|
| テーブル | 受注詳細クエリ | 受注詳細クエリ | 受注詳細クエリ | | | |
| 集計 | グループ化 | グループ化 | 合計 | | | |
| 並べ替え | | | | | | |
| 表示 | ☑ | ☑ | ☑ | ☐ | ☐ | ☐ |
| 抽出条件 | | | | | | |
| または | | | | | | |

NumLock

**次のページに続く**

## 2 クエリを実行してデザインビューに切り替える

クエリを実行して正しい結果が
得られるかを確認する

**1** [実行] を
クリック

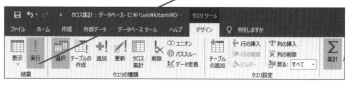

クエリが実行
された

**2** 集計クエリの結果が正しく表示さ
れていることを確認

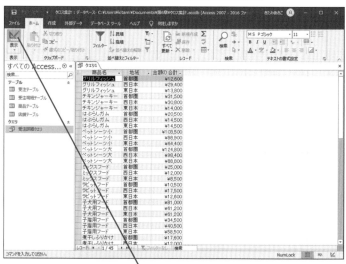

デザインビューに
切り替える

**3** [表示]をク
リック

### ☆ Hint!

#### 複数のテーブルを元にクロス集計できる

デザインビューからクロス集計クエリを作成するとき、テーブルを元に作成
することも、クエリを元に作成することもできます。また、複数のテーブル
を元に作成することもできます。

## 3 [行列の入れ替え] 行を表示する

デザインビューに
切り替わった

**1** [クロス集計]
をクリック

## 4 行見出しと列見出しを設定する

集計クエリがクロス集計
クエリに変更された

行見出しを
設定する

**1** [商品名] フィールドの [行列の
入れ替え] 行をクリック

**2** ここをク
リック

**3** [行見出し]
をクリック

行見出しが
設定された

続いて列見出しを
設定する

**4** [地域] フィールドの [行列の
入れ替え] 行をクリック

**5** ここをク
リック

**6** [列見出し]
をクリック

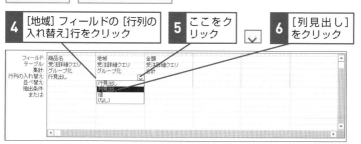

次のページに続く

## 5 集計するフィールドを設定する

| 列見出しが設定された | 続いて集計するフィールドを設定する |
|---|---|

| | | |
|---|---|---|
| **1** [金額] フィールドの [行列の入れ替え]行をクリック | **2** ここをクリック | **3** [値] をクリック |

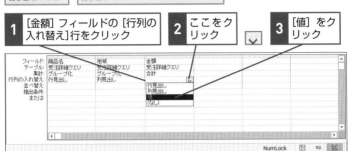

## 6 クエリを実行する

| クロス集計クエリが作成された | **1** [実行] をクリック |
|---|---|

| クエリが実行された | **2** 設定したフィールドでクロス集計されていることを確認 |
|---|---|

| すべての Access... | クエリ1 | | | |
|---|---|---|---|---|
| 検索... | 商品名 | 首都圏 | 西日本 | 東日本 |
| **テーブル** | グリルフィッシュ | ¥12,600 | ¥29,400 | ¥13,800 |
| 受注テーブル | チキンジャーキー | ¥31,500 | ¥30,800 | ¥14,000 |
| 受注明細テーブル | はぶらしガム | ¥20,500 | ¥14,500 | ¥14,500 |
| 商品テーブル | ペットシーツ小 | ¥103,500 | ¥98,800 | ¥64,400 |
| 店舗テーブル | ペットシーツ大 | ¥124,800 | ¥98,400 | ¥88,800 |
| **クエリ** | ミックスフード | ¥25,000 | ¥12,000 | ¥8,500 |
| | ラビットフード | ¥10,500 | ¥17,500 | ¥12,600 |
| | 子犬用フード | ¥81,000 | ¥61,200 | ¥61,200 |
| | 子猫用フード | ¥34,500 | ¥40,500 | ¥58,500 |

### ·🔆 Hint!
**行見出しは複数指定できる**

クロス集計クエリでは、[行見出し][列見出し][値]を最低1つずつ指定する必要があります。[行見出し]は複数のフィールドに設定できますが、[列見出し]と[値]は1つのフィールドにしか設定できません。

## Hint!
### 行見出しや列見出しの項目を絞り込むには

行見出しや列見出しに表示される項目に抽出条件を設定したいときは、デザインビューで対象のフィールドの[抽出条件]行に抽出条件を入力します。また、列見出しの場合は、下のHINT!で紹介する[クエリ列見出し]を使用しても、表示するデータを指定できます。その場合、「"西日本","東日本"」のように、列見出しに表示する項目を「,」(カンマ)で区切って入力します。

## Hint!
### 列見出しの順序を指定するには

クエリのプロパティシートの[クエリ列見出し]を使用すると、クロス集計クエリの列見出しに表示するデータの順番を指定したり、表示するデータを絞り込んだりすることができます。

> レッスン14を参考に、クエリの
> プロパティシートを表示しておく

**1** [クエリ列見出し]の ここをクリック

**2** 「"首都圏","東日本","西日本"」 と入力

**3** [実行]をクリック

> 列見出しの順番が変わった

| 商品名 | 首都圏 | 東日本 | 西日本 |
| --- | --- | --- | --- |
| グリルフィッシュ | ¥12,600 | ¥13,800 | ¥29,400 |
| チキンジャーキー | ¥31,500 | ¥14,000 | ¥30,800 |
| はぶらしガム | ¥20,500 | ¥14,500 | ¥14,500 |
| ペットシーツ小 | ¥103,500 | ¥64,400 | ¥98,900 |
| ペットシーツ大 | ¥124,800 | ¥88,800 | ¥98,400 |
| ミックスフード | ¥25,000 | ¥8,500 | ¥12,000 |
| ラビットフード | ¥10,500 | ¥12,600 | ¥17,500 |
| 子犬用フード | ¥81,000 | ¥61,200 | ¥61,200 |
| 子猫用フード | ¥34,500 | ¥58,500 | ¥40,500 |
| 煮干しふりかけ | ¥17,600 | ¥9,200 | ¥12,000 |
| 小動物用トイレ砂 | ¥42,000 | ¥28,500 | ¥33,000 |
| 成犬用フード | ¥194,300 | ¥58,000 | ¥142,100 |
| 成猫用フード | ¥95,000 | ¥50,000 | ¥90,000 |
| 猫砂(パルプ) | ¥114,400 | ¥93,600 | ¥52,000 |
| 猫砂(木製) | ¥27,200 | ¥16,000 | ¥14,400 |

# 日付を月でまとめて集計するには

## 日付のグループ化

📄 **練習用ファイル** 日付のグループ化.accdb

## グループ化する日付の単位を変更できる

日付データをそのままグループ化すると、日単位でグループ化されます。ところが関数を使って日付から「年」や「月」の情報を取り出せば、「月単位」や「年単位」でグループ化できるようになります。データの変化や傾向を把握しやすくするために、集計する日付の単位を大きくしてみましょう。このレッスンではFormat関数を利用し、日付から年や月の情報を取り出して集計します。

### Before

1日ごとの受注金額は分かるが、月ごとの受注金額が分からない

| クエリ1 | | | |
|---|---|---|---|
| 受注日 | おやつ | フード | |
| 2019/04/01 | | ¥7,200 | |
| 2019/04/02 | | ¥2,800 | |
| 2019/04/03 | ¥1,300 | ¥2,900 | |
| 2019/04/05 | ¥3,400 | ¥2,900 | |
| 2019/04/06 | ¥1,000 | ¥6,900 | |
| 2019/04/07 | ¥700 | ¥1,500 | |
| 2019/04/08 | ¥2,000 | ¥19,200 | |
| 2019/04/09 | ¥3,200 | ¥1,800 | |
| 2019/04/10 | ¥500 | ¥15,900 | |
| 2019/04/12 | ¥3,600 | ¥12,100 | |
| 2019/04/14 | ¥400 | ¥4,000 | |
| 2019/04/15 | ¥2,800 | ¥500 | |
| 2019/04/18 | ¥1,200 | ¥7,900 | |
| 2019/04/19 | ¥500 | ¥15,100 | |
| 2019/04/23 | ¥1,200 | | |
| 2019/04/26 | ¥2,800 | ¥3,700 | |
| 2019/04/29 | ¥1,200 | ¥700 | |
| 2019/04/30 | ¥700 | | |
| 2019/05/01 | | | |
| 2019/05/03 | ¥1,200 | ¥4,700 | |
| 2019/05/05 | | ¥26,000 | |
| 2019/05/07 | | ¥2,900 | |
| 2019/05/10 | | | |

### After

年月ごとにグループ化し、商品分類を列見出しに表示することで、受注金額の推移がひと目で分かる

| クエリ1 | | | |
|---|---|---|---|
| 年月 | おやつ | フード | |
| 2019/04 | ¥26,500 | ¥105,100 | |
| 2019/05 | ¥12,300 | ¥66,000 | |
| 2019/06 | ¥24,900 | ¥117,700 | |
| 2019/07 | ¥18,100 | ¥79,900 | |
| 2019/08 | ¥11,600 | ¥49,100 | |
| 2019/09 | ¥30,300 | ¥133,500 | |
| 2019/10 | ¥16,600 | ¥68,200 | |
| 2019/11 | ¥12,900 | ¥67,900 | |
| 2019/12 | ¥25,000 | ¥118,600 | |
| 2020/01 | ¥12,300 | ¥19,100 | |
| 2020/02 | ¥9,200 | ¥87,300 | |
| 2020/03 | ¥20,700 | ¥140,000 | |

## ☆ Hint!

**Format関数って何？**

Format関数は「Format([フィールド名],書式)」の構文で、フィールドのデータを指定した書式に変換した結果を返す関数です。このレッスンでは、[書式] に「yyyy/mm」と指定して [受注日] フィールドの年と月を取り出しています。

●日付のグループ化の単位と書式指定文字

| 演算の種類 | 書式 |
|---|---|
| 年 | yyyy |
| 四半期 | q |
| 月 | mm |
| 週 | ww |

# ① 関数を入力する

| 練習用ファイルを開いておく | レッスン40を参考に、[受注詳細クエリ]で新規クエリを作成しておく |
|---|---|

| Format関数を使って [受注日]フィールドから年月を取り出す | **1** 列の境界線をここまでドラッグ |
|---|---|

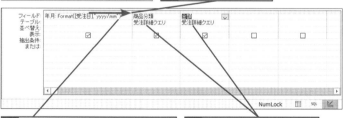

**2** 「年月:Format([受注日],"yyyy/mm")」と入力

**3** [商品分類] と [金額] のフィールドを追加

次のページに続く

## 2 [集計] 行を表示する

| Format関数が入力された | 最初に集計クエリを作成してからクロス集計クエリに変更する | **1** [集計] を クリック | $\sum$ 集計 |

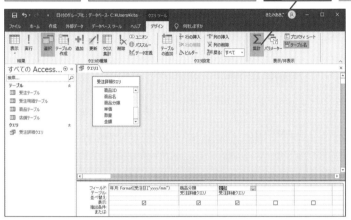

## 3 集計方法を設定する

| [集計] 行が表示された | ここでは、年月ごとに商品分類別の金額を集計する |

**1** [金額] フィールドの [集計] 行をクリック

**2** ここをクリック $\vee$

**3** [合計] をクリック

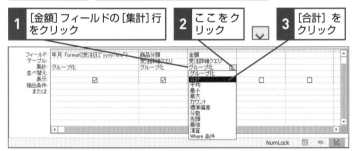

第5章 データの集計や分析にクエリを使う

## ·Ŏ·Hint!

**データが複数年にわたる場合は「年」と「月」でグループ化する**

数年分のデータがある場合、Format関数やMonth関数を使って［月］だけ
を取り出してグループ化すると、異なる年のデータも同じ月と見なされてし
まいます。複数年にわたるデータを月ごとにグループ化するときは、このレッ
スンで行ったように「年」と「月」の両方を取り出してグループ化しましょう。

---

## 4 クエリを実行してデザインビューに切り替える

| クエリを実行して正しい結果が得られるかを確認する | **1** ［実行］をクリック |
| --- | --- |

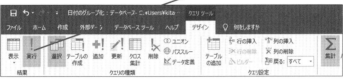

クエリが実行された

| **2** 集計クエリの結果が正しく表示されていることを確認 | デザインビューに切り替える | **3** ［表示］をクリック |
| --- | --- | --- |

すべての Access...

検索...

**テーブル**
- 受注テーブル
- 受注明細テーブル
- 商品テーブル
- 店舗テーブル

**クエリ**
- 受注詳細クエリ

| 年月 | 商品分類 | 金額の合計 |
| --- | --- | --- |
| 2019/04 | おやつ | ¥26,500 |
| 2019/04 | フード | ¥105,100 |
| 2019/04 | 衛生 | ¥79,100 |
| 2019/05 | おやつ | ¥12,300 |
| 2019/05 | フード | ¥66,000 |
| 2019/05 | 衛生 | ¥86,500 |
| 2019/06 | おやつ | ¥24,900 |
| 2019/06 | フード | ¥117,700 |
| 2019/06 | 衛生 | ¥102,400 |
| 2019/07 | おやつ | ¥18,100 |
| 2019/07 | フード | ¥79,900 |
| 2019/07 | 衛生 | ¥81,500 |

次のページに続く

## 5 [行列の入れ替え] 行を表示して見出しを設定する

| デザインビューに切り替わった | 1 [クロス集計]をクリック |
|---|---|

| 集計クエリがクロス集計クエリに変更された | レッスン44を参考に[行見出し][列見出し][値]を設定する |
|---|---|

| 2 [年月]フィールドの[行列の入れ替え]行をクリックして[行見出し]を選択 | 3 [商品分類]フィールドの[行列の入れ替え]行をクリックして[列見出し]を選択 |
|---|---|

4 [金額]フィールドの[行列の入れ替え]行をクリックして[値]を選択

## 6 クエリを実行する

| クロス集計クエリが作成された | 1 [実行]をクリック |
|---|---|

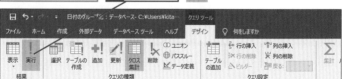

# 7 日付でグループ化された集計結果が表示された

| クエリが実行された | **1** 設定したフィールドでクロス集計されていることを確認 |
|---|---|

| すべての Access... ⊙ « | クエリ1 |
|---|---|

| 年月 ▾ | おやつ ▾ | フード ▾ | 衛生 ▾ |
|---|---|---|---|
| 2019/04 | ¥26,500 | ¥105,100 | ¥79,100 |
| 2019/05 | ¥12,300 | ¥66,000 | ¥86,500 |
| 2019/06 | ¥24,900 | ¥117,700 | ¥102,400 |
| 2019/07 | ¥18,100 | ¥79,900 | ¥81,500 |
| 2019/08 | ¥11,600 | ¥49,100 | ¥70,800 |
| 2019/09 | ¥30,300 | ¥133,500 | ¥96,900 |
| 2019/10 | ¥16,600 | ¥68,200 | ¥115,400 |
| 2019/11 | ¥12,900 | ¥67,900 | ¥57,500 |
| 2019/12 | ¥25,000 | ¥118,600 | ¥99,000 |
| 2020/01 | ¥12,300 | ¥19,100 | ¥57,300 |
| 2020/02 | ¥9,200 | ¥87,300 | ¥39,400 |
| 2020/03 | ¥20,700 | ¥140,000 | ¥114,100 |

検索...

**テーブル**
- 受注テーブル
- 受注明細テーブル
- 商品テーブル
- 店舗テーブル

**クエリ**
- 受注詳細クエリ

## ✧ Hint!

### 行ごとに集計値を表示するには

クロス集計クエリでは、行ごとに集計値を表示できます。行ごとの集計値を表示するには、以下の手順で設定します。クエリを実行すると、行ごとの集計値は行見出しと値の間の列に表示されます。

ここでは行ごとの金額を合計して
集計値を表示する

| **1** [金額]のフィールドを追加 | **2** [金額]フィールドの[集計]行で[合計]を選択 |
|---|---|

| フィールド | 年月: Format([受注日 | 商品分類 | 金額の合計: 金額 | 金額 |
|---|---|---|---|---|
| テーブル | | 受注詳細クエリ | 受注詳細クエリ | 受注詳細クエリ |
| 集計 | グループ化 | グループ化 | 合計 | 合計 |
| 行列の入れ替え | 行見出し | 列見出し | 値 | 行見出し ▽ |
| 並べ替え | | | | |
| 抽出条件 | | | | |
| または | | | | |

**3** [金額] フィールドの [行列の入れ替え]行で[行見出し]を選択

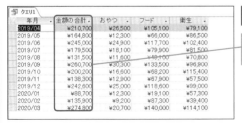

| クエリ1 | | | | |
|---|---|---|---|---|
| 年月 ▾ | 金額の合計 ▾ | おやつ ▾ | フード ▾ | 衛生 ▾ |
| 2019/04 | ¥210,700 | ¥26,500 | ¥105,100 | ¥79,100 |
| 2019/05 | ¥164,800 | ¥12,300 | ¥66,000 | ¥86,500 |
| 2019/06 | ¥245,000 | ¥24,900 | ¥117,700 | ¥102,400 |
| 2019/07 | ¥179,500 | ¥18,100 | ¥79,900 | ¥81,500 |
| 2019/08 | ¥131,500 | ¥11,600 | ¥49,100 | ¥70,800 |
| 2019/09 | ¥260,700 | ¥30,300 | ¥133,500 | ¥96,900 |
| 2019/10 | ¥200,200 | ¥16,600 | ¥68,200 | ¥115,400 |
| 2019/11 | ¥138,300 | ¥12,900 | ¥67,900 | ¥57,500 |
| 2019/12 | ¥242,600 | ¥25,000 | ¥118,600 | ¥99,000 |
| 2020/01 | ¥88,700 | ¥12,300 | ¥19,100 | ¥57,300 |
| 2020/02 | ¥135,900 | ¥9,200 | ¥87,300 | ¥39,400 |
| 2020/03 | ¥274,800 | ¥20,700 | ¥140,000 | ¥114,100 |

**4** [実行]をクリック

行ごとの集計値が
表示された

# 数値を一定の幅で区切って表示するには

## 数値のグループ化

📄 練習用ファイル 数値のグループ化.accdb

## 数値を自由に区切ってグループ化できる

数値を一定の範囲に区切って集計したいことがあります。しかし、単に数値のフィールドをグループ化しても、同じ数値同士だけしかまとめられません。例えば、[単価] フィールドを「¥400」や「¥500」など、同じ単価ごとにグループ化したクエリを、[After] のように「0-499」「500-999」と500円単位でまとめるには、Partition関数を使います。この関数は、数値を一定の範囲ずつ区切った中で、どの範囲に含まれるかを調べる関数です。「商品の価格帯別」「顧客の年代別」など、さまざまな場面で役に立つので、覚えておくといいでしょう。

### After

| 価格帯 | 首都圏 | 西日本 | 東日本 |
|---|---|---|---|
| 0: 499 | 44 | 30 | 23 |
| 500: 999 | 172 | 171 | 107 |
| 1500:1999 | 113 | 92 | 102 |
| 2000:2499 | 97 | 84 | 65 |
| 2500:2999 | 149 | 105 | 76 |

500円ごとの価格帯にグループ化し、地域ごとの売れ数を調べられる

●このレッスンで使う関数

| 構文 | Partition( 数値 , 最小値 , 最大値 , 間隔 ) |
|---|---|
| 例 | Partition([ 単価 ],0,2999,500) |
| 説明 | [単価] フィールドに表示されている値を、最小値を「0」、最大値を「2999」として、「500」ずつ区切って表示する |

## ·♡·Hint!

**Partition関数って何？**

Partition関数は「Partition(数値,最小値,最大値,間隔)」の構文で、[数値] が含まれる範囲を返す関数です。「Partition([単価],0,2999,500)」とすると、0から2999までの範囲を500ずつ区切った中で、[単価]がどこに含まれるかを求められます。例えば[単価]が1200なら、関数の結果は「1000: 1499」となります。

# 1 関数を入力する

| 練習用ファイルを開いておく | レッスン44を参考に、[受注詳細クエリ] から新規クエリを作成しておく |

| Partition関数を使って[単価] の価格帯ごとに集計する | **1** 列の境界線をここまでドラッグ |

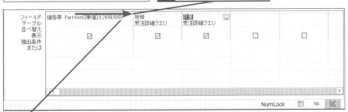

| **2** | 「価格帯:Partition([単価], 0,2999,500)」と入力 | **3** | [地域]と[数量]のフィールドを追加 |

次のページに続く

## 2 [集計] 行を表示する

Partition関数が入力された

最初に集計クエリを作成してからクロス集計クエリに変更する

**1** [集計] をクリック

$\Sigma$ 集計

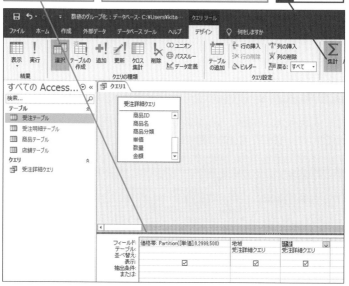

## 3 集計方法を設定する

[集計] 行が表示された

ここでは、価格帯別の地域ごとの数量を集計する

**1** [集計] 行に [グループ化] と表示されていることを確認

**2** [数量] フィールドの[集計]行をクリック

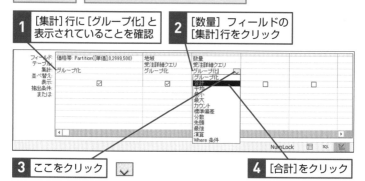

**3** ここをクリック

**4** [合計]をクリック

# 4 クエリを実行してデザインビューに切り替える

クエリを実行して正しい結果が得られるかを確認する

**1** [実行] を クリック

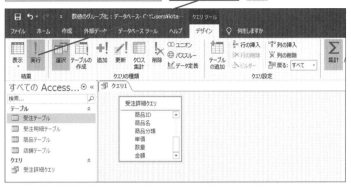

クエリが実行された

**2** 集計クエリの結果が正しく表示されていることを確認

| 価格帯 | 地域 | 数量の合計 |
|---|---|---|
| 0: 499 | 首都圏 | 44 |
| 0: 499 | 西日本 | 30 |
| 0: 499 | 東日本 | 23 |
| 500: 999 | 首都圏 | 172 |
| 500: 999 | 西日本 | 171 |
| 500: 999 | 東日本 | 107 |
| 1500:1999 | 首都圏 | 113 |

デザインビューに切り替える

**3** [表示] を クリック

## ⚠ 間違った場合は?

価格帯が正しく表示されなかった場合は、Partition関数の式が間違っています。[ホーム] タブの [表示] ボタンをクリックしてデザインビューに切り替えてから式を入力し直してください。

次のページに続く

## 5 [行列の入れ替え] 行を表示して見出しを設定する

デザインビューに
切り替わった

**1** [クロス集計] を
クリック

クロス
集計

集計クエリがクロス集計
クエリに変更された

レッスン44を参考に [行見出し]
[列見出し] [値] を設定する

**2** [価格帯] フィールドの [行列
の入れ替え] 行をクリックし
て[行見出し]を選択

**3** [地域] フィールドの [行列の
入れ替え] 行をクリックして
[列見出し]を選択

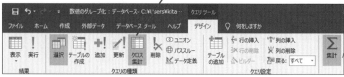

**4** [数量] フィールドの [行列の入れ替え] 行
をクリックして[値]を選択

### ☆ Hint!

**区切りの記号を「:」から「~」に変えるには**

Partition関数の戻り値は、「500:999」のように2つの数値を「:」で区切った形式になります。区切りの記号を変更したいときは、Replace関数を組み合わせて使用しましょう。例えば「:」の代わりに「~」を使うときは、「Replace(Partition([単価],0,2999,500),":"," ~ ")」とします。数値の間に「~」を入れれば、範囲を表す数値であることがより伝わりやすくなります。Replace関数は特定の文字列を別の文字列に置換する関数で、付録1の240ページで解説します。

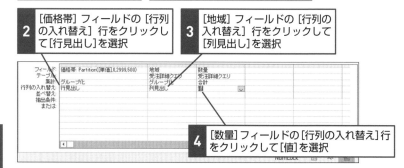

区切りの記号を「:」から
「~」に変更できる

第5章 データの集計や分析にクエリを使う

# 6 クエリを実行する

クロス集計クエリが作成された

**1** [実行] をクリック

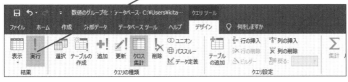

# 7 数値でグループ化された集計結果が表示された

クエリが実行された

**1** 設定したフィールドでクロス集計されていることを確認

| 価格帯 | 首都圏 | 西日本 | 東日本 |
|---|---|---|---|
| 0: 499 | 44 | 30 | 23 |
| 500: 999 | 172 | 171 | 107 |

## ⎰ ҇ Hint!
### 文字列の一部をグループ化することもできる

レッスン45とレッスン46では、関数を使用して日付や数値を任意の単位に変換してグループ化しましたが、テキスト型のデータの一部分でグループ化することもできます。その場合、Left関数、Mid関数、Right関数など、文字列から一部の文字列を取り出す関数を利用します。例えばLeft関数を使用すると、文字列の先頭から何文字かを取り出してグループ化ができます。

**1** 「コード:Left([商品ID],3)」と入力

**2** [金額] のフィールドを追加

商品IDの先頭3文字だけを抜き出してグループ化できた

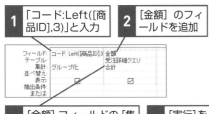

| コード | 金額の合計 |
|---|---|
| CAT | ¥780,700 |
| DOG | ¥1,302,400 |
| SML | ¥189,600 |

**3** [金額] フィールドの [集計]行で[合計]を選択

**4** [実行]をクリック

## この章のまとめ

# クエリを使ってデータを自在に集計しよう

この章では、クエリで集計を行う手段として、選択クエリの集計機能を使用する方法とクロス集計クエリを使用する方法を解説しました。集計は、定型的な業務においても、またデータ分析においても欠かせない機能です。

作成したクエリを保存しておけば、いつでも同じ内容で集計を実行できます。「○年○月以降」という抽出条件を設定すれば、その時点の最新のデータだけを対象に集計することも可能です。商品ごとの売り上げを集計して月次報告する、支店別に月々の売り上げを集計して年度末の決算を行う、といった定型的な業務に役立ちます。

また、季節と商品の売れ行きの関係や、顧客の年齢による商品の好みの違いを調べるといったデータ分析を行うときにも、集計機能が活躍します。特にクロス集計クエリでは、「月」と「商品」、「年齢」と「商品」など、2項目を縦軸と横軸に並べた集計ができるので、データの傾向をつかむのに最適です。データをただ蓄積するだけでなく、有効な情報として活用するために集計機能を利用しましょう。

### データを抽出して集計する

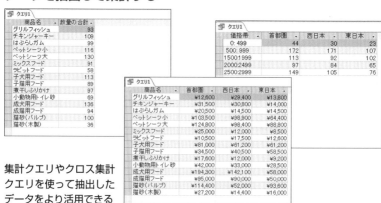

集計クエリやクロス集計
クエリを使って抽出した
データをより活用できる

第5章 データの集計や分析にクエリを使う

176 できる

# 第6章

# レポートで抽出結果を見やすくまとめる

レポートを使うと、クエリの抽出結果を見やすくレイアウトを整えて印刷できます。ここでは、まずレポートの概要、基本的な作成と修正方法を説明しています。次に、実用的な請求書を作成しながらレポートの編集や詳細な設定方法を説明しています。手順通り操作するだけでレポートへの理解が深まります。

# レポートのビューを確認しよう
## ビューの種類、切り替え

📄 練習用ファイル ビュー切替.accdb

## ビューの違いを理解して使い分ける

レポートには、レポートビュー、印刷プレビュー、レイアウトビュー、デザインビューの4章類のビューがあります。レポートビューは、印刷するデータを画面上で確認するためのビューで、複数ページにわたるデータは、ページで区切られずひと続きで表示されます。印刷プレビューは、印刷イメージが確認できるビューで、ページごとにデータは区切られます。レイアウトビューとデザインビューは、レポートのデザインを編集するためのビューです。レイアウトビューはレイアウトの調整、デザインビューはより詳細な編集に向いています。

◆レポートビュー
レポートをダブルクリックすると表示されるビューで、印刷するデータを確認できる

| | | | | |
|---|---|---|---|---|
| 📋 顧客住所レポート | | | | |

### 📋 顧客住所一覧

| 顧客ID | 顧客名 | コキャクメイ | 郵便番号 | 都道府県 |
|---|---|---|---|---|
| 1 | 武藤 大地 | ムトウ ダイチ | 154-0017 | 東京都 |
| 2 | 石原 早苗 | イシハラ サナエ | 182-0011 | 東京都 |
| 3 | 西村 誠一 | ニシムラ セイイチ | 227-0034 | 神奈川県 |
| 4 | 菅原 英子 | スガワラ エイコ | 156-0042 | 東京都 |

◆デザインビュー
レポートの詳細なデザインの
編集ができる

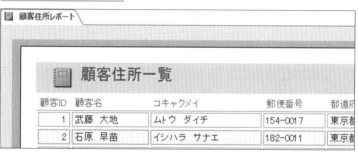

顧客住所レポート

・・・1・・・2・・・3・・・4・・・5・・・6・・・7・・・8・・・9・・・10・・・11・・・12・・・13・・・14

◆レポート ヘッダー

顧客住所一覧

◆ページ ヘッダー

| 顧客ID | 顧客名 | コキャクメイ | 郵便番号 | 都道府県 |

◆詳細

| 顧客ID | 顧客名 | コキャクメイ | 郵便番号 | 都道府県 |

◆印刷プレビュー
レポートを印刷した際の
イメージを確認できる

顧客住所レポート

顧客住所一覧

| 顧客ID | 顧客名 | コキャクメイ | 郵便番号 | 都道府 |
| --- | --- | --- | --- | --- |
| 1 | 武藤 大地 | ムトウ ダイチ | 154-0017 | 東京都 |
| 2 | 石原 早苗 | イシハラ サナエ | 182-0011 | 東京都 |

◆レイアウトビュー
レポートのデータを表示しながら
レイアウトの編集ができる

顧客住所レポート

顧客住所一覧

| 顧客ID | 顧客名 | コキャクメイ | 郵便番号 | 都道府県 |
| --- | --- | --- | --- | --- |
| 1 | 武藤 大地 | ムトウ ダイチ | 154-0017 | 東京都 |
| 2 | 石原 早苗 | イシハラ サナエ | 182-0011 | 東京都 |
| 3 | 西村 誠一 | ニシムラ セイイチ | 227-0034 | 神奈川県 |
| 4 | 菅原 英子 | スガワラ エイコ | 156-0042 | 東京都 |

次のページに続く

# ビューを変更する

練習用ファイルを開いておく

**1** [顧客住所レポート] をダブルクリック

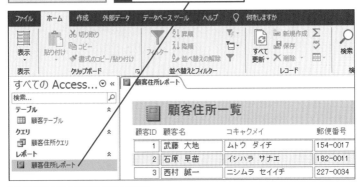

レポートビューで表示された

**2** [ホーム]タブをクリック

**3** [表示]をクリック

**4** [レイアウトビュー] をクリック

レイアウトビューに表示が変更された

## ☆ Hint!
### レポート用のクエリを用意する

レポートを作成する前に、どのような内容をレポートで印刷したいかを検討しましょう。検討できたら、クエリを用意します。クエリのデザインビューで、テーブルやテーブルの組み合わせから印刷したいフィールドを追加し、必要に応じて演算フィールドを設定します。あらかじめ印刷したいフィールドをまとめたクエリを用意しておけば、レポートを効率的に作成できます。

## ☆ Hint!
### 右クリックで目的のビューを表示する

ナビゲーションウィンドウでレポートをダブルクリックすると、初期設定ではレポートビューで開きます。レポートビュー以外のビューを直接開きたい場合は、レポートを右クリックして、ショートカットメニューから目的のビューをクリックします。

## ☆ Hint!
### ショートカットキーでビューを切り替える

レポートが開いている状態で、Ctrl + . (ピリオド) キーを押すと、レポートビュー、印刷プレビュー、デザインビューの順番に切り替えることができます。

# レポートを自動作成するには

オートレポート

📄 練習用ファイル　オートレポート.accdb

## オートレポートで瞬時に作成

オートレポートは、ナビゲーションウィンドウで選択しているテーブルまたはクエリのすべてフィールドを配置した表形式のレポートを作成する機能です。[レポート] ボタンをクリックするだけで、タイトルやページ番号などが配置されたレポートを瞬時に作成できます。

### Before

ボタンをクリックするだけでレポートが作成できる

### After

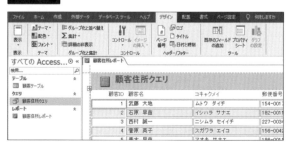

すべてのフィールドを配置した表形式のレポートが作成される

# レポートを作成して保存する

練習用ファイルを開いておく

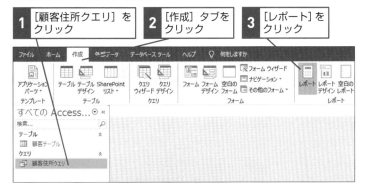

**1** [顧客住所クエリ] をクリック

**2** [作成] タブをクリック

**3** [レポート] をクリック

レポートが表示された | **4** [上書き保存]をクリック

名前を付けて保存 ? ×

[名前を付けて保存]ウィンドウが表示された

レポート名(N):

顧客住所レポート

**5** 「顧客住所レポート」と入力

OK キャンセル

**6** [OK]をクリック

レポートが保存された

# レポートを修正するには

## レイアウトの調整

📄 **練習用ファイル　レイアウトの調整.accdb**

## レイアウトビューとデザインビューで修正する

レポートのデザインを変更するには、レイアウトビューまたはデザインビューで行います。レイアウトビューは、データが表示された状態で編集できるため、データを確認しながら列の幅や行の高さの調整ができます。一方、デザインビューではデータは表示されませんが、レポートに配置されている部品（コントロール）や領域（セクション）などについて細かい調整や設定ができます。編集内容によって、2つのビューを使い分けましょう。

**Before**

［住所］から別のページにはみ出してしまった

**After**

横幅が用紙の中に収まった

# 1 行の幅を変更する

| 1 | [顧客ID] 列内で<br>クリック | レッスン47を参考に練習用ファイルのレポート<br>をレイアウトビュー表示しておく |
|---|---|---|

| 2 | ここにマウスカーソルを<br>合わせる | マウスカーソルの形が<br>変わった |
|---|---|---|

| 3 | 左にドラッグ | 列の幅が変わった |
|---|---|---|

マウスボタンを離すと
列の幅が決定される

| 4 | 同様の手順でほかの列の<br>幅も変更する |
|---|---|

次のページに続く

## 2 デザインを修正する

| レッスン47を参考に[デザインビュー]を表示しておく | ここでは、コントロールの位置とレポートの幅を調整する |
|---|---|

**1** ここをクリック

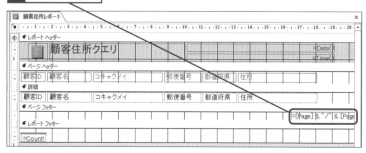

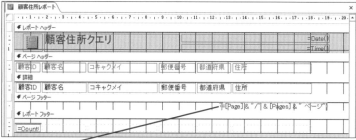

**2** 左にドラッグ　　コントロールの右側がほかのセクションとそろった

**3** ここをクリック　　**4** エラー表示をクリック

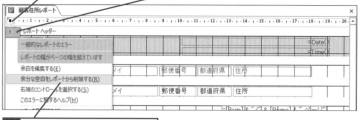

一般的なレポートのエラー
レポートの幅がページの幅を超えています
余白を編集する(E)
余分な空白をレポートから削除する(R)
右端のコントロールを選択する(S)
このエラーに関するヘルプ(H)

**5** [余分な空白をレポートから削除する]をクリック

レポート右側の余分な空白部分が削除される

## ☆ Hint!

### ロゴやタイトルを変更する

レポート上部に自動で挿入されたロゴやタイトルを変更するには、[デザイ
ン] タブの [ロゴ] ボタン、[タイトル] ボタンをクリックします。

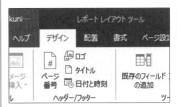

[デザイン] タブの [ロゴ] や
[タイトル]で変更できる

## ☆ Hint!

### コントロールの移動とサイズ変更

コントロールをクリックして選択し、左上角の灰色のハンドル（移動ハンド
ル）または、辺上の何もないところをドラッグすると移動できます。角と辺
の中央に表示される黄色いハンドル（サイズ変更ハンドル）をドラッグする
とサイズ変更できます。

移動ハンドル

移動ハンドルまたは
辺上をドラッグする

サイズ変更ハンドルを
ドラッグする

## ☆ Hint!

### エラー表示を利用して修正する

レポートに何らかのエラーがあると、該当する箇所に緑色のエラーインジ
ケーターが表示されます。ポイントすると表示されるエラー表示をクリック
すると、エラーの内容や対処方法がメニューで表示されます。メニューをク
リックしてエラーに対処することができます。

次のページに続く

## ☆ Hint!

### 余白の点線を目安に調整する

レイアウトビューでは、データが印刷される領域と余白の境界に点線が表示されます。列をページ内に収めるには、右余白との境界線を目安に領域内に収まるように調整してください。

各要素をこの線よりも
左に配置する

## 3 印刷プレビューを確認する

レッスン47を参考に [印刷プレビュー]
を表示しておく

内容を確認したら印刷する

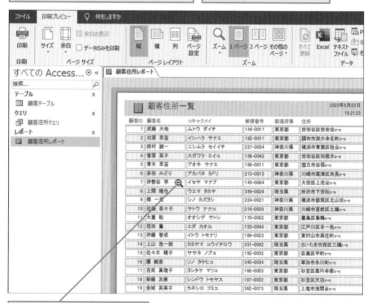

クリックするごとに、拡大／
縮小表示ができる

## ·☆·Hint!

**デザインビューの構成を理解しよう**

レポートのデザインビューでは、レポートが複数の領域に分けられています。この領域のことをセクションといいます。ここでは、セクションを含めたデザインビューの構成を確認してください。

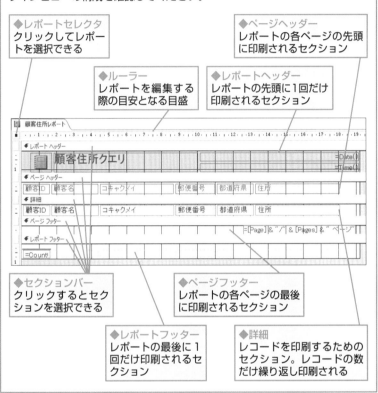

◆レポートセレクタ
クリックしてレポートを選択できる

◆ページヘッダー
レポートの各ページの先頭に印刷されるセクション

◆ルーラー
レポートを編集する際の目安となる目盛

◆レポートヘッダー
レポートの先頭に1回だけ印刷されるセクション

◆セクションバー
クリックするとセクションを選択できる

◆ページフッター
レポートの各ページの最後に印刷されるセクション

◆レポートフッター
レポートの最後に1回だけ印刷されるセクション

◆詳細
レコードを印刷するためのセクション。レコードの数だけ繰り返し印刷される

## ·☆·Hint!

**印刷前にページ移動ボタンで各ページを確認**

印刷プレビューの画面左下にページ移動ボタンが表示されます。ページが複数ある場合は、[次のページ]ボタン、[前のページ]ボタンをクリックしてページを移動し、データが途中で途切れていないか、余分なページがないかなど確認してください。

# 請求書を印刷する
# 準備をしよう
## クエリの準備

📄 練習用ファイル クエリの準備.accdb

## 作成する請求書をイメージしよう

レッスン50～55では、請求書を印刷するためのレポートを作成します。スムーズに操作するには、元となるテーブルの構成を把握しておくことがポイントです。また、コントロールをどのように配置すれば目的どおりの請求書に仕上がるか、イメージしておくことも大切です。下図を参考に、テーブルやレポートの内容を確認しておきましょう。

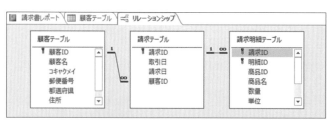

リレーションシップが設定された3つのテーブルからクエリを
作成し、それを元に請求書レポートを作成する

印刷プレビューで作成する
請求書をイメージしておく

デザインビューを印刷プレビューと対比
しながらコントロールの配置を決める

# レポートの元になるクエリを作成しよう

請求書を作成する準備として、このレッスンでは下図のような4つのクエリを作成します。192ページで紹介した［顧客テーブル］「請求テーブル」「請求明細テーブル」を元にクエリを作成して、宛先や宛名の書式を整えたり、金額や消費税などを計算しておきます。請求書に必要なデータをあらかじめクエリで用意しておくことで、レポートの作成を円滑に行えます。

●請求書の元になるクエリを作成する

◆請求クエリ
**請求書の上部に宛名や日付を表示するためのクエリ**

| 請求クエリ | | | | | |
|---|---|---|---|---|---|
| 請求ID ▾ | 取引日 ▾ | 請求日 ▾ | 郵便番号 ▾ | 宛先 ▾ | 宛名 ▾ |
| 1 | 2020/01/10 | 2020/01/10 | 224-0021 | 神奈川県横浜 | 日野 総一郎 |
| 6 | 2020/01/15 | 2020/01/15 | 224-0021 | 神奈川県横浜 | 日野 総一郎 |
| 2 | 2020/01/12 | 2020/01/12 | 169-0051 | 東京都新宿区 | 安西 真紀様 |
| 3 | 2020/01/12 | 2020/01/12 | 270-0034 | 千葉県松戸市 | 浅見 茂様 |
| 8 | 2020/01/19 | 2020/01/19 | 270-0034 | 千葉県松戸市 | 浅見 茂様 |
| 2020/01/14 | 2020/01/14 | 302-0005 | 茨城県取手市 | 榊本 文香様 | |

◆請求明細クエリ
**請求書に明細データを表示するためのクエリ**

| 請求明細クエリ | | | | | | |
|---|---|---|---|---|---|---|
| 請求ID ▾ | 明細ID ▾ | 商品名 ▾ | 数量 ▾ | 単位 ▾ | 単価 ▾ | 区分 ▾ |
| 1 | 1 | ボディーソープ桜(350ml) | 2 | 個 | ¥800 | |
| 1 | 2 | 玄米ご飯6個パック | 2 | 箱 | ¥1,800 | ※ |
| 1 | 3 | オーガニックコンディショナー桜 | 1 | 個 | ¥800 | |
| 1 | 4 | 薬用入浴剤エステミント | 1 | 個 | ¥1,500 | |
| 1 | 5 | 炭酸水グリーン(1L×12本) | 2 | 箱 | ¥1,900 | ※ |
| 1 | 6 | フレーバー水桃(500ml×24本) | 1 | 箱 | ¥2,800 | ※ |
| 2 | 1 | ヘルシーシリアル | 1 | 個 | ¥1,200 | ※ |

◆税抜金額集計クエリ
**［税率別金額クエリ］の元になるクエリ**

◆税率別金額クエリ
**請求書の下部に税率別の金額を表示するためのクエリ**

| 税抜金額集計クエリ | | |
|---|---|---|
| 請求ID ▾ | 消費税率 ▾ | 税抜金額 ▾ |
| 1 | 8% | ¥10,200 |
| 1 | 10% | ¥3,900 |
| 2 | 8% | ¥4,700 |
| 2 | 10% | ¥3,700 |
| 3 | 8% | ¥3,800 |
| 3 | 10% | ¥900 |
| 4 | 8% | ¥9,200 |
| 4 | 10% | ¥3,000 |

| 税率別金額クエリ | | | | |
|---|---|---|---|---|
| 請求ID ▾ | 対象税率 ▾ | 税抜金額 ▾ | 消費税額 ▾ | 税込金額 ▾ |
| 1 | 8%対象 | ¥10,200 | ¥816 | ¥11,016 |
| 1 | 10%対象 | ¥3,900 | ¥390 | ¥4,290 |
| 2 | 8%対象 | ¥4,700 | ¥376 | ¥5,076 |
| 2 | 10%対象 | ¥3,700 | ¥370 | ¥4,070 |
| 3 | 8%対象 | ¥3,800 | ¥304 | ¥4,104 |
| 3 | 10%対象 | ¥900 | ¥90 | ¥990 |
| 4 | 8%対象 | ¥9,200 | ¥736 | ¥9,936 |
| 4 | 10%対象 | ¥3,000 | ¥300 | ¥3,300 |

**次のページに続く**

# 1 「請求クエリ」を作成する

| [請求クエリ] を作成する | レッスン13を参考に、[顧客テーブル] と [請求テーブル] から新規クエリを作成しておく | **1** レッスン7を参考に必要なフィールドを追加 |
|---|---|---|

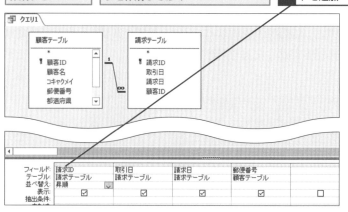

| フィールド: | 請求ID | 取引日 | 請求日 | 郵便番号 | |
|---|---|---|---|---|---|
| テーブル: | 請求テーブル | 請求テーブル | 請求テーブル | 顧客テーブル | |
| 並べ替え: | 昇順 | | | | |
| 表示: | ☑ | ☑ | ☑ | ☑ | ☐ |
| 抽出条件: | | | | | |

# 2 「請求クエリ」に演算フィールドを追加する

| 演算フィールドを追加する | **1** 「宛先: [都道府県] & [住所]」と入力 |
|---|---|

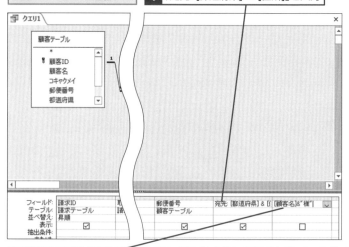

| フィールド: | 請求ID | 取 | 郵便番号 | 宛先: [都道府県] & [住 [顧客名]&"様" |
|---|---|---|---|---|
| テーブル: | 請求テーブル | 請 | 顧客テーブル | |
| 並べ替え: | 昇順 | | | |
| 表示: | ☑ | | ☑ | ☑ | ☐ |
| 抽出条件: | | | | |

**2** 「宛名: [顧客名] & " 様"」と入力 　　　「請求クエリ」の名前で保存しておく

## ·☼· Hint!

### 請求書の上部に表示するデータを用意する

[請求クエリ]では、請求書の上部に表示する宛先、請求番号、日付などのデータを用意します。

クエリでこの部分のデータを用意する

### ● [請求クエリ] のフィールド

| フィールド | テーブル |
|---|---|
| 請求ID | 請求テーブル |
| 取引日 | 請求テーブル |
| 請求日 | 請求テーブル |
| 郵便番号 | 顧客テーブル |
| 宛先 | (演算) |
| 宛名 | (演算) |

## 3 「請求明細クエリ」を作成する

| [請求明細クエリ]を作成する | レッスン7を参考に、[請求明細テーブル]から新規クエリを作成しておく | **1** | レッスン7を参考に必要なフィールドを追加 |
|---|---|---|---|

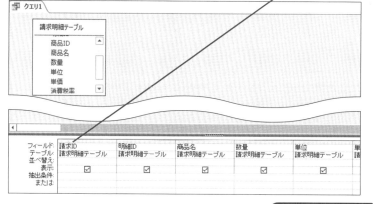

次のページに続く

## 4 「請求明細クエリ」に演算フィールドを追加する

演算フィールドを追加する | **1** 「区分: IIf([税区分]="軽減税率","※","")」と入力

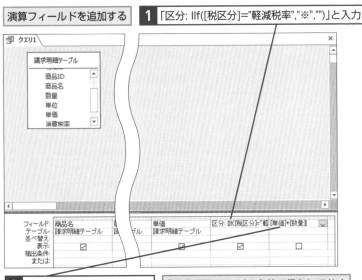

**2** 「金額: [単価]*[数量]」と入力 | 「請求明細クエリ」の名前で保存しておく

### ☀ Hint!

**請求書の明細行に表示するデータを用意する**

[請求明細クエリ]では、請求書の明細行に表示する販売データを用意します。

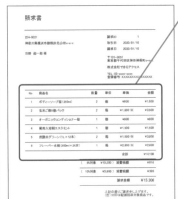

クエリでこの部分のデータを用意する

#### ● [請求明細クエリ] のフィールド

| フィールド | テーブル |
| --- | --- |
| 請求ID | 請求明細テーブル |
| 明細ID | 請求明細テーブル |
| 商品名 | 請求明細テーブル |
| 数量 | 請求明細テーブル |
| 単位 | 請求明細テーブル |
| 単価 | 請求明細テーブル |
| 区分 | (演算) |
| 金額 | (演算) |

## 5 「税抜金額集計クエリ」を作成する

| [税抜金額集計クエリ] を作成する | レッスン7を参考に、[請求明細テーブル]から新規クエリを作成しておく |
|---|---|

**1** 列の境界線をここまでドラッグ

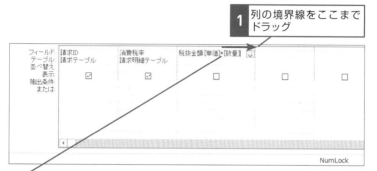

**2** ここに「税抜金額:[単価]*[数量]」と入力

## 6 [集計] 行を表示する

集計を行うために [集計] 行を表示する

**1** [クエリツール]の[デザイン]タブをクリック

**2** [集計]をクリック

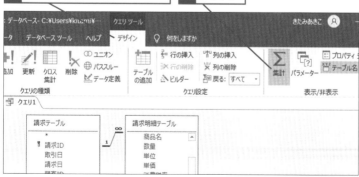

次のページに続く

## 7 集計方法を設定してクエリを実行する

[集計]行が表示された

**1** [集計]行に[グループ化]と表示されていることを確認

**2** [税抜金額]フィールドの[集計]行をクリック

| フィールド: | 請求ID | 消費税率 | 税抜金額: [単価]*[数量] | | | |
|---|---|---|---|---|---|---|
| テーブル: | 請求テーブル | 請求明細テーブル | | | | |
| 集計: | グループ化 | グループ化 | グループ化 | | | |
| 並べ替え: | | | グループ化 | | | |
| 表示: | ☑ | ☑ | 合計 | □ | | □ |
| 抽出条件: | | | 平均 | | | |
| または: | | | 最小 | | | |
| | | | 最大 | | | |
| | | | カウント | | | |
| | | | 標準偏差 | | | |
| | | | 分散 | | | |
| | | | 先頭 | | | |
| | | | 最後 | | | |
| | | | 演算 | | | |
| | | | Where 条件 | | | |

NumLock

**3** [合計]をクリック

「税抜金額集計クエリ」の名前で保存しておく

### ✐ Hint!

**請求ID、消費税率ごとに税抜金額を集計する**

[税抜金額集計クエリ]では、[請求明細テーブル]に保存されている販売データの金額を集計するクエリです。[単価](税抜単価)×[数量]の式で税抜金額を求め、求めた税抜金額を請求IDごと、消費税率ごとに集計します。

| 請求ID | 消費税率 | 税抜金額 |
|---|---|---|
| 1 | 8% | ¥10,200 |
| 1 | 10% | ¥3,900 |
| 2 | 8% | ¥4,700 |
| 2 | 10% | ¥3,700 |
| 3 | 8% | ¥3,800 |
| 3 | 10% | ¥900 |

[請求ID]が「1」の請求書では、消費税が8%の売上が10,200円、10%の売上が3,900円であることがわかる

● [税抜金額集計クエリ]のフィールド

| フィールド | テーブル |
|---|---|
| 請求ID | 請求明細テーブル |
| 消費税率 | 請求明細テーブル |
| 税抜金額 | (演算) |

# 8 「税率別金額クエリ」を作成する

| [税率別金額クエリ] を作成する | レッスン7を参考に、[税抜金額集計クエリ] から新規クエリを作成しておく |
| --- | --- |

| 1 | レッスン7を参考に [請求ID]のフィールドを追加 |
| --- | --- |

| 2 | 「対象税率: Format([消費税率],"0%") & "対象" 」と入力 |
| --- | --- |

# 9 「税率別金額クエリ」に演算フィールドを追加する

| 1 | レッスン7を参考に [税抜金額] のフィールドを追加 |
| --- | --- |

| 2 | 「消費税額: Int([税抜金額]*[消費税率]) 」と入力 |
| --- | --- |

| 3 | 「税込金額: [税抜金額]+[消費税額] 」と入力 |
| --- | --- |

「税率別金額クエリ」の名前で保存しておく

# 請求書の原型を作成しよう

## レポートウィザード

📄 練習用ファイル レポートウィザード.accdb

## 複雑な設定もウィザードを使えば簡単

請求書は、明細データの表の上に宛先や請求日などの情報を配置した複雑な構造をしています。レポートウィザードを使用すれば、このような複雑な構造のレポートも、画面の指示に従って操作するだけで作成できます。レポートに表示するフィールドや、レポートの構造などを選択肢から選ぶだけなので簡単です。作成されるレポートは、文字が途切れていたり余計な書式が付いていたりしますが、レッスン52以降で調整していきます。まずはこのレッスンで、請求書の原型となるレポートを作成しましょう。

ウィザードを使ってレポートの項目を設定する

請求書の原型が作成できる

## ☼ Hint!

### [レポートウィザード] とは

[レポートウィザード] は、レポートを作成する方法の1つです。表示される画面の指示に従ってレポートに配置するフィールドや表示方法、並べ替え順序、集計方法などを指定するだけで、簡単にレポートを作成できます。

## 1 レポートウィザードを起動して元になるクエリを選択する

練習用ファイルを開いておく

| 1 | [作成] タブをクリック |
| 2 | [レポートウィザード] をクリック |
| | [レポートウィザード]画面が表示された |

| 3 | ここをクリック |
| 4 | [クエリ:請求クエリ]をクリック |

次のページに続く

## 2 フィールドを追加する

[請求クエリ]のフィールドが表示された

| 1 [請求ID] を クリック | 2 ここをク リック | [請求ID] が 追加された |
|---|---|---|

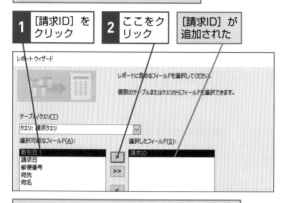

同様の手順ですべてのフィールドを追加しておく

| 3 ここをクリックして [請求明細 クエリ]を選択 | [請求ID] 以外のフィールドを 追加しておく |
|---|---|

4 [次へ] を クリック

---

⚠ 間違った場合は?

手順2で間違って [請求明細クエリ] の [請求ID] フィールドを [選択したフィールド] 欄に追加してしまった場合は、追加した [請求明細クエリ.請求ID] を選択して [<] ボタンをクリックします。

## ③ データの表示方法を確認する

データの表示方法を指定する
画面が表示された

**1** [by請求クエリ] が選択
されていることを確認

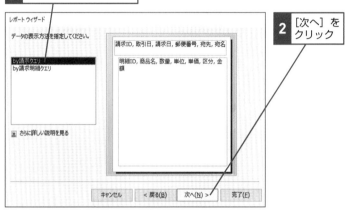

**2** [次へ] を
クリック

| 次の画面が
表示された | 今回はグループレベルは
指定しない |

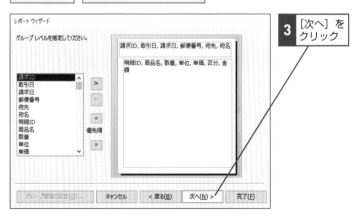

**3** [次へ] を
クリック

次のページに続く

## ☆ Hint!

**データの表示方法とは？**

手順4の操作1の画面でデータの表示
方法として [by請求クエリ] を指定す
ると、[請求クエリ] のレコードでグルー
プ化されたレポートを作成できます。
[請求クエリ] と [請求明細クエリ] は
一対多の関係にあるので、[請求クエリ]
の1レコードに対して [請求明細] クエ
リの複数のレコードが表示されるレ
ポートになります。なお、単一のテー
ブルやクエリからレポートを作成する
場合、この画面は表示されません。

[請求クエリ] の1件のレコードが
表示される

> 請求ID, 取引日, 請求日, 郵便番号, 宛先, 宛名
>
> 明細ID, 商品名, 数量, 単位, 単価, 区分, 金額

[請求明細クエリ] の複数の
レコードが表示される

---

## 4 データの並べ替え順序を指定する

明細データの並べ替えを指定する
画面が表示された

**1** ここをク
リック

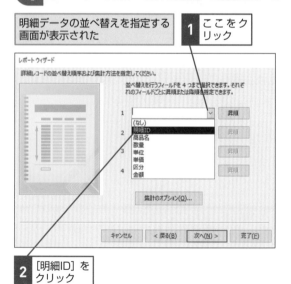

レポート ウィザード

詳細レコードの並べ替え順序および集計方法を指定してください。

並べ替えを行うフィールドを 4 つまで選択できます。それぞ
れのフィールドごとに昇順または降順を指定できます。

| 1 | | 昇順 |
|---|---|---|
| | (なし) | |
| 2 | 明細ID | 昇順 |
| | 商品名 | |
| | 数量 | |
| 3 | 単位 | 昇順 |
| | 単価 | |
| | 区分 | |
| 4 | 金額 | 昇順 |

集計のオプション(O)...

キャンセル    < 戻る(B)    次へ(N) >    完了(F)

**2** [明細ID] を
クリック

# 5 集計のオプションを設定する

**1** [集計のオプション] を
クリック

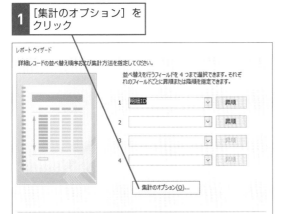

レポート ウィザード

詳細レコードの並べ替え順序および集計方法を指定してください。

並べ替えを行うフィールドを 4 つまで選択できます。それぞ
れのフィールドごとに昇順または降順を指定できます。

| 1 | 明細ID | ∨ | 昇順 |
| 2 | | ∨ | 昇順 |
| 3 | | ∨ | 昇順 |
| 4 | | ∨ | 昇順 |

集計のオプション(O)...

キャンセル　< 戻る(B)　次へ(N) >　完了(F)

明細データの集計方法を指定する
画面が表示された

**2** ここをクリックしてチェック
マークを付ける

**3** [OK] を
クリック

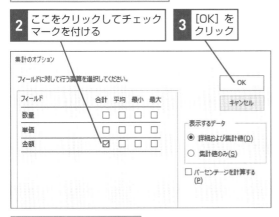

集計のオプション

フィールドに対して行う演算を選択してください。

OK

キャンセル

| フィールド | 合計 | 平均 | 最小 | 最大 |
| 数量 | ☐ | ☐ | ☐ | ☐ |
| 単価 | ☐ | ☐ | ☐ | ☐ |
| 金額 | ☑ | ☐ | ☐ | ☐ |

表示するデータ
● 詳細および集計値(D)
○ 集計値のみ(S)

☐ パーセンテージを計算する
(P)

上の画面に戻るので [次へ]
をクリックする

次のページに続く

## 6 レポートの印刷形式を設定する

**1** [アウトライン] を
クリック

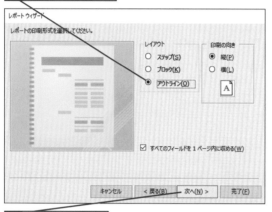

**[アウトライン] を選ぶとどうなるの?**

手順6では、一側のレコードと多側のレコードのレイアウトを指定します。[アウトライン] を選択すると、レポートの上部に一側にあたる [請求クエリ] のレコードが表示されます。さらにその下に、多側にあたる [請求明細クエリ] のフィールド名とレコードが表形式で表示されます。

[請求クエリ]のレコード

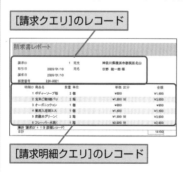

[請求明細クエリ]のレコード

第 6 章　レポートで抽出結果を見やすくまとめる

# 7 レポート名を指定する

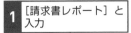

**1** [請求書レポート] と入力

**2** [完了] をクリック

レポートウィザード

レポート名を指定してください。

請求書レポート

これで、レポートを作成するための設定は終了しました。

レポートを作成した後に行うことを選択してください。

● レポートをプレビューする(P)

○ レポートのデザインを編集する(M)

キャンセル 　 < 戻る(B) 　 次へ(N) > 　 完了(F)

# 8 印刷プレビューを確認する

印刷プレビューが表示された

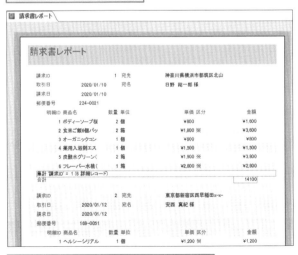

■ 請求書レポート

請求書レポート

| 請求ID | 1 | 宛先 | 神奈川県横浜市都筑区北山 |
| 取引日 | 2020/01/10 | 宛名 | 日野 総一郎 様 |
| 請求日 | 2020/01/10 | | |
| 郵便番号 | 224-0021 | | |

| 明細ID 商品名 | 数量 単位 | | 単価 区分 | 金額 |
| 1 ボディーソープ桜 | 2 個 | | ¥800 | ¥1,600 |
| 2 玄米ご飯6個パッ | 2 箱 | | ¥1,800 ※ | ¥3,600 |
| 3 オーガニックコン | 1 個 | | ¥900 | ¥900 |
| 4 薬用入浴剤エス | 1 個 | | ¥1,500 | ¥1,500 |
| 5 炭酸水グリーン( | 2 箱 | | ¥1,900 ※ | ¥3,800 |
| 6 フレーバー水桃( | 1 箱 | | ¥2,800 ※ | ¥2,800 |

集計 '請求ID' = 1 (6 詳細レコード)

合計 　 14100

| 請求ID | 2 | 宛先 | 東京都新宿区西早稲田x-x- |
| 取引日 | 2020/01/12 | 宛名 | 安西 真紀 様 |
| 請求日 | 2020/01/12 | | |
| 郵便番号 | 169-0051 | | |

| 明細ID 商品名 | 数量 単位 | | 単価 区分 | 金額 |
| 1 ヘルシーシリアル | 1 個 | | ¥1,200 ※ | ¥1,200 |

レイアウトが崩れている部分などを確認する

# 請求書のエリアごとの レイアウトを整えよう
## ヘッダーとフッター

📄 **練習用ファイル** ヘッダーとフッター .accdb

## セクションごとの書式やサイズを整える

レポートウィザードで作成したレポートを請求書として使用するには、いくつかの調整が必要です。[Before] のレポートを見てください。レポートウィザードで作成した直後のレポートです。複数の請求書が連続して表示されています。また、余計な縞模様が設定されています。このレッスンでは、改ページの設定や縞模様の解除、不要なデータの削除などを行って、[After] の状態になるように修正します。改ページや縞模様の設定は、セクション単位で行います。どのセクションに対してどのような設定を行えばいいのか、全体の構成を意識しながら設定していきましょう。

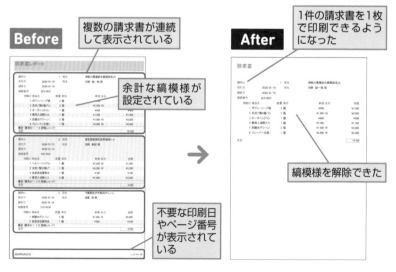

**Before**

複数の請求書が連続して表示されている

余計な縞模様が設定されている

不要な印刷日やページ番号が表示されている

**After**

1件の請求書を1枚で印刷できるようになった

縞模様を解除できた

## ヘッダーを調整する

# 1 ページヘッダーの幅を変更する

| 練習用ファイルを開いておく | レッスン47を参考に [請求書レポート] をデザインビューで表示しておく |
|---|---|

**1** ここをクリック | マウスポインターの形が変わった

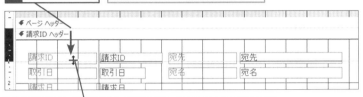

**2** ここまでドラッグ | ページヘッダーの高さが変わった

## ϕ Hint!

### [請求書レポート] のヘッダーとフッターのセクション構成

完成した [請求書レポート] は、次のセクションから構成されます。

[レポートヘッダー]はレポートの1ページ目の先頭に1回表示される

[ページヘッダー] は各ページの先頭に1回表示される

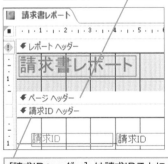

[請求IDヘッダー] は請求IDごとに1回表示される

[詳細] は請求IDごとに明細レコードの数だけ表示される

[請求IDフッター] は請求IDごとに1回表示される

[ページフッター] は各ページの末尾に1回表示される

[レポートフッター] はレポートの最終ページに1回表示される

次のページに続く

## 2 [請求書レポート] の文字を変更する

**1** ここをクリック | ラベルが選択された

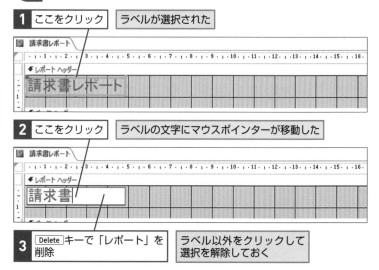

**2** ここをクリック | ラベルの文字にマウスポインターが移動した

**3** Delete キーで「レポート」を削除 | ラベル以外をクリックして選択を解除しておく

## 3 ラベルを移動する

手順2を参考に[請求書]ラベルを選択しておく | **1** ここまでドラッグ

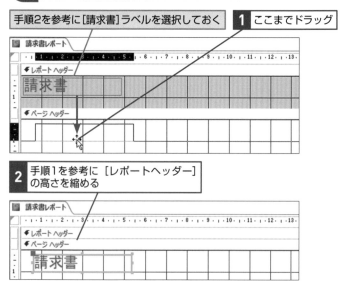

**2** 手順1を参考に [レポートヘッダー]の高さを縮める

## ·̣̣̇· Hint!
### 「請求書」のタイトルをページヘッダーに移動する

レポートヘッダーは1枚目の請求書にしか表示されません。ここではすべての請求書に「請求書」の文字を表示したいので、手順3で「請求書」のラベルをレポートヘッダーからページヘッダーへ移動しました。コントロールをドラッグすれば、セクションをまたいで移動できます。

## フッターを調整する

### 4 [請求 ID フッター] のテキストボックスを削除する

**1** [="集計" & "'請求ID' = " & " " & [請求ID] & " (" & Count(*) & " " & IIf(Count(*)=1,"詳細レコード","詳細レコード") & ")"] テキストボックスをクリック

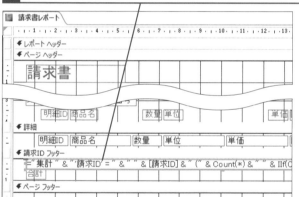

**2** Delete キーを押す　　削除された

## ·̣̣̇· Hint!
### コントロールの選択と削除

コントロールをクリックすると、コントロールが選択されてオレンジ色の枠で囲まれます。その状態で Delete キーを押すと、コントロールを削除できます。

次のページに続く

# 5 ほかのフッターのコントロールを削除する

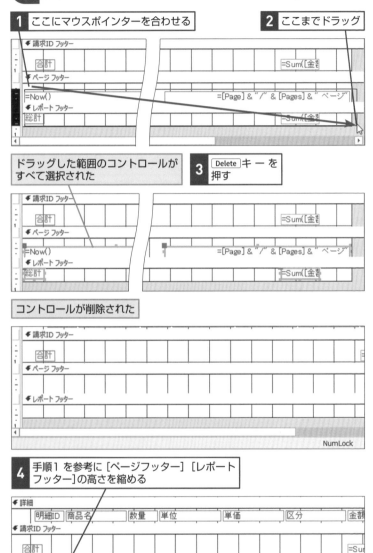

**1** ここにマウスポインターを合わせる

**2** ここまでドラッグ

ドラッグした範囲のコントロールがすべて選択された

**3** Delete キーを押す

コントロールが削除された

**4** 手順1を参考に[ページフッター][レポートフッター]の高さを縮める

## 6 改ページを設定する

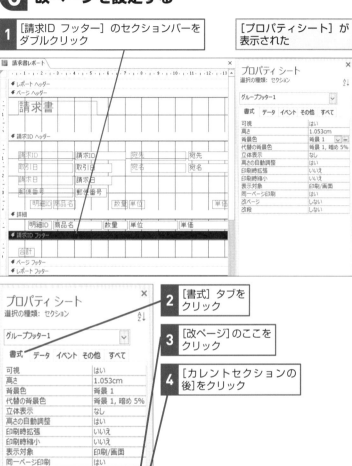

**1** [請求ID フッター] のセクションバーをダブルクリック

[プロパティシート] が表示された

**2** [書式] タブをクリック

**3** [改ページ]のここをクリック

**4** [カレントセクションの後]をクリック

**5** [閉じる] をクリック

次のページに続く

## セクションの色を解除する

## 7 セクションの色を削除する

**1** [請求IDヘッダー]のセクションバーをクリック

**2** [書式] タブをクリック

**3** [交互の行の色] をクリック

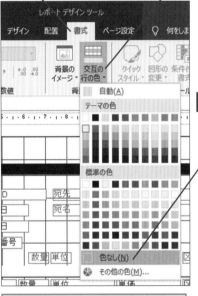

**4** [色なし]をクリック

[詳細] セクションと [請求IDフッター]
セクションも同様に色を削除しておく

---

### ☆Hint!
**[詳細] の縞模様は必要に応じて解除する**

手順7では [詳細] セクションの縞模様を解除していますが、この部分は明細行にあたるのでデザインの好みに応じて残してもかまいません。

# 8 設定効果を確認する

レッスン47を参考に印刷プレビューを
表示しておく

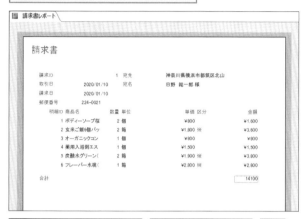

**1** 改ページと交互の色の設定効果を確認

**2** [上書き保存] を クリック 🔲

## ⋄ Hint!

### [請求IDヘッダー] と [請求IDフッター] の縞模様を解除する

既定では、レコード1件おきに縞模様が表示されます。[請求IDヘッダー] と [請求IDフッター] の縞模様をそのままにすると、奇数件目の請求書と偶数件目の請求書で色が変わってしまうので、縞模様の解除が必須です。[交互の行の色] から [色なし] を選択すると、縞模様を解除できます。

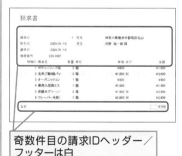

奇数件目の請求IDヘッダー／
フッターは白

偶数件目の請求IDヘッダー／
フッターはグレー

# 請求書のデータの配置を整えよう
## コントロールの配置

📄 練習用ファイル　コントロールの配置.accdb

## コントロールを再配置して見やすい請求書にする

このレッスンでは［請求書レポート］の細部を調整します。請求書の上部には、宛先や請求日などを体裁よく配置し、自社の住所や社名を追加します。明細部分は、各データが見やすくなるようにレイアウトを調整します。さらに罫線を追加して、メリハリのある表に仕上げます。

**Before**

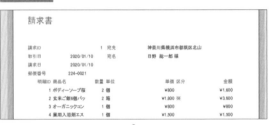

要素の位置がバラバラになっている

**After**

要素が正しく配置され、罫線も入って見やすくなった

# 1 [請求 ID ヘッダー] の下段を調整する

| 練習用ファイルを開いておく | レッスン47を参考に [請求書レポート] をデザインビューで表示しておく |
| --- | --- |

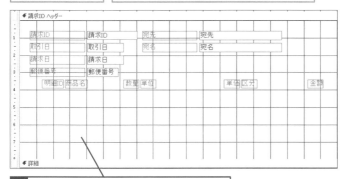

**1** レッスン52を参考に [請求ID ヘッダー] の高さを広げる

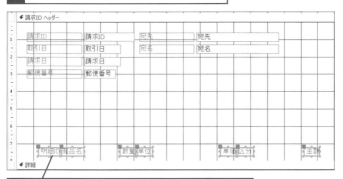

**2** レッスン49を参考に [明細 ID ] から [金額] まで横に並んだラベルを下に移動する

**3** 「No」と入力　**4** [区分]を削除

**5** 要素の位置を変更

次のページに続く

## 2 不要なラベルを削除する

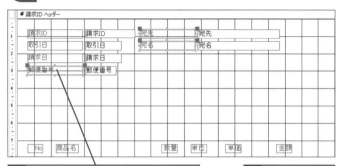

**1** レッスン52を参考に [宛先] [宛名] [郵便番号] のラベルを選択

**2** Delete キーを押す

ラベルが削除された

## 3 コントロールの位置と大きさを調整する

**1** レッスン49を参考に [請求 ID ヘッダー] 内の コントロールの位置と大きさを調整

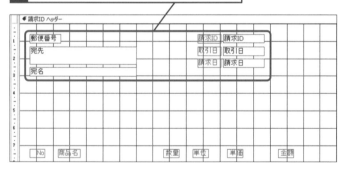

### ♡ Hint!
**矢印キーでコントロールを水平／垂直に移動する**

コントロールを選択して↓キーを押すと、コントロールを垂直に移動できます。

## 4 ラベルを追加する

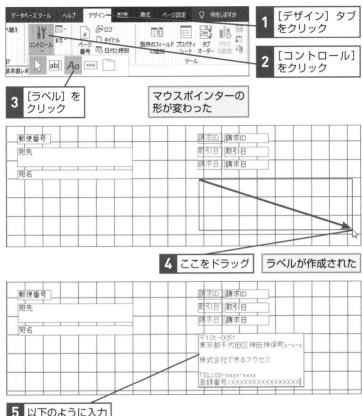

**1** [デザイン] タブをクリック

**2** [コントロール] をクリック

**3** [ラベル] をクリック

マウスポインターの形が変わった

**4** ここをドラッグ | ラベルが作成された

〒101-0051
東京都千代田区神田神保町x-x-x

株式会社できるアクセス

TEL:03-xxxx-xxxx
登録番号:XXXXXXXXXXXXXXX

**5** 以下のように入力

〒101-0051
東京都千代田区神田神保町x-x-x

株式会社できるアクセス

TEL03-xxxx-xxxx
登録番号：XXXXXXXXXXXXXXX

ラベルの文字を改行するには[Ctrl]キーを押しながら[Enter]キーを押す

次のページに続く

## 5 [詳細] のコントロールを調整する

**1** レッスン52を参考に [詳細] の
高さを広げる

**2** レッスン49を参考にコントロールを
下に移動

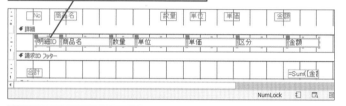

**3** レッスン49を参考にコントロールの
位置と大きさを変更

### ✦ Hint!

#### [詳細] セクションの高さ

[詳細] セクションの高さが、請求書の明細行1行分の高さになります。[詳細]
セクションを1マス分（1cm）程度の高さにすると、本書のサンプルと同程
度のサイズになります。また、コントロールを [詳細] セクションの上下中
央に配置すると、請求書の各行の中央にバランスよく文字を表示できます。

## 6 [請求 ID フッター] のコントロールを調整する

| 1 | レッスン52を参考に[請求 ID フッター]の高さを広げる | 2 | レッスン49を参考にコントロールの位置と大きさを変更 |

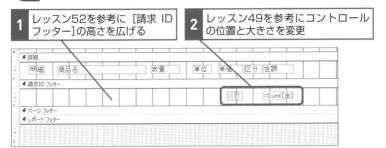

## 7 コントロールの書式を変更する

**1** [請求IDフッター]の[=Sum ([金額])]をクリック

**2** [デザイン] タブの [プロパティシート] をクリック

**3** [書式] タブをクリック

**4** [書式] のここをクリック

**5** [通貨]をクリック

**6** [境界線スタイル] のここをクリック

**7** [透明]をクリック

**8** [閉じる]をクリック

次のページに続く

## 8 全体の文字の色を設定する

コントロールをすべて
選択しておく

**1** [書式] タブを
クリック

**2** [フォントの色] を
クリック

**3** [黒、テキスト1、
白+基本色35%]
をクリック

文字の色が黒に
なった

## 9 ページヘッダーに罫線を設定する

**1** [デザイン] タブを
クリック

**2** [コントロール] を
クリック

**3** [線]をクリック

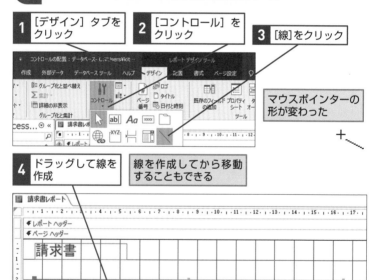

マウスポインターの
形が変わった

**4** ドラッグして線を
作成

線を作成してから移動
することもできる

# 10 明細行の罫線を設定する

同様の手順で4 か所に
罫線を設定する

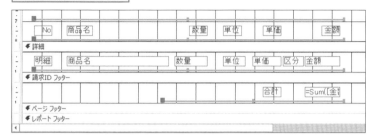

# 11 左右幅を設定する

**1** ここをクリック　　マウスポインターの形が変わった

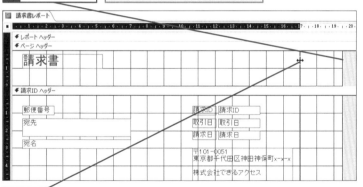

**2** ここまで
ドラッグ　　左右の幅が
変更された　　**3** [上書き保存] を
クリック

# 消費税率別に
# 金額を表示する
レコードソース

📄 練習用ファイル レコードソース.accdb

## デザインビューで新規にレポートを作成する

このレッスンではいったん［請求書レポート］から離れて、レッスン50で作成した［税率別金額クエリ］を元に新規のレポートを作成します。［税率別金額クエリ］では、［請求ID］別［消費税率］別に、税抜金額と消費税額を合計しました。それらのデータを表示するレポートを、デザインビューを使用して手動で作成します。作成するレポートは、［請求書レポート］に組み込んで消費税率別の金額を表示するためのものです。行の高さやフォントの色などを［請求書レポート］に揃えて、組み込んだときに違和感がないように仕上げましょう。

数式の入ったレポートを作成する

| ( 8%対象 | ¥10,200 ) 消費税額 | ¥816 |

| ( 10%対象 | ¥3,900 ) 消費税額 | ¥390 |

| ( 10%対象 | ¥6,100 ) 消費税額 | ¥610 |

| | 請求金額 | ¥120,716 |

消費税率ごとに税抜価格、消費税額が表示できる

# 1 レポートを新規作成してヘッダーとフッターを変更する

| 練習用ファイルを開いておく | 1 [作成] タブをクリック | 2 [レポートデザイン] をクリック |

新しいレポートが作成される

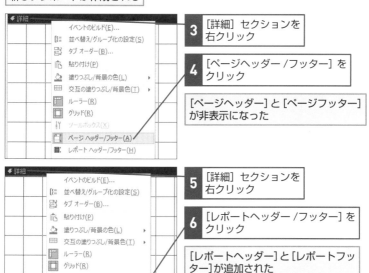

| 3 | [詳細] セクションを右クリック |

| 4 | [ページヘッダー / フッター] をクリック |

[ページヘッダー] と [ページフッター] が非表示になった

| 5 | [詳細] セクションを右クリック |

| 6 | [レポートヘッダー / フッター] をクリック |

[レポートヘッダー] と [レポートフッター] が追加された

| 7 | レッスン52を参考に [レポートヘッダー] の高さを 0 にする | 8 | レッスン52を参考に [詳細] セクションの [交互の行の色] を [色なし] にする |

次のページに続く

## 2 クエリを選択する

| 1 | レポートセレクタを<br>ダブルクリック | | プロパティシートが<br>表示された |
| --- | --- | --- | --- |

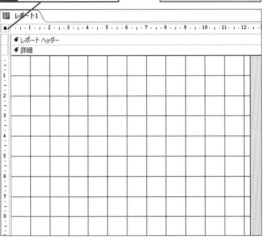

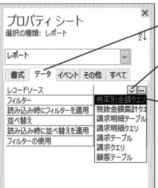

| 2 | [データ] タブを<br>クリック |
| --- | --- |
| 3 | [レコードソース]のこ<br>こをクリック |
| 4 | [税率別金額クエリ]を<br>選択 |

### ☆ Hint!

**レポートの元になるクエリを指定する**

レポートの [レコードソース] プロパティには、レポートに表示するデータ
の取得元となるテーブルやクエリを指定します。

## 3 ラベルとテキストボックスを追加する

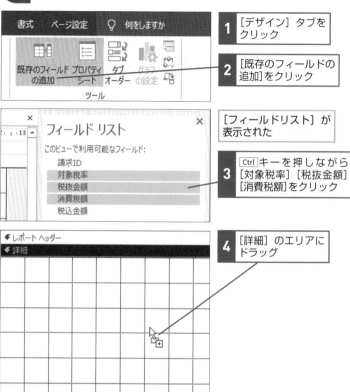

**1** [デザイン] タブを クリック

**2** [既存のフィールドの 追加]をクリック

[フィールドリスト] が 表示された

**3** Ctrl キーを押しながら [対象税率] [税抜金額] [消費税額]をクリック

**4** [詳細] のエリアに ドラッグ

### ☆ Hint!

**[フィールドリスト] からテキストボックスを追加する**

[フィールドリスト] には、[レコードソース] プロパティで指定したクエリ のフィールドが一覧表示されます。フィールドを選択してレポートにドラッ グすると、そのフィールドを表示するためのテキストボックスとラベルを追 加できます。

次のページに続く

## 4 コントロールの配置を調整する

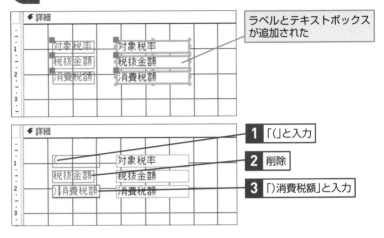

ラベルとテキストボックスが追加された

1 「(」と入力

2 削除

3 「)消費税額」と入力

## 5 コントロールの配置を修正する

1 レッスン49を参考にコントロールを並べる

2 [対象税率]をクリック

3 [書式]タブをクリック

4 [右揃え]をクリック

## 6 テキストボックスを追加する

**1** [デザイン] タブを
クリック

**2** [コントロール] を
クリック

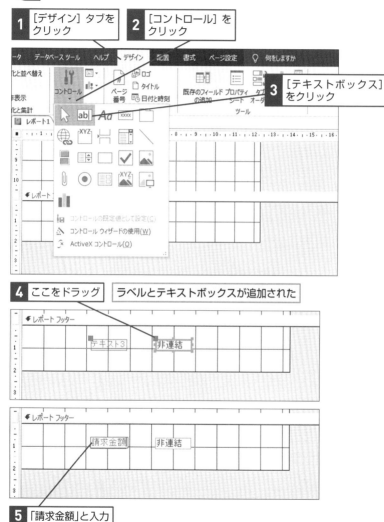

**3** [テキストボックス]
をクリック

**4** ここをドラッグ | ラベルとテキストボックスが追加された

**5** 「請求金額」と入力

**次のページに続く**

## 7 関数と書式を設定する

新しく追加したテキストボックスをクリックしておく

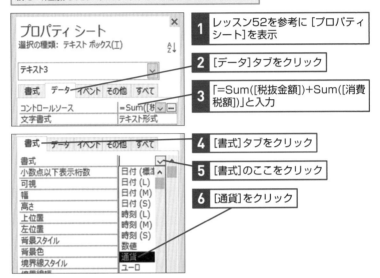

プロパティ シート ×
選択の種類: テキスト ボックス(I)
テキスト3

書式　データ　イベント　その他　すべて
コントロールソース　　=Sum([税...]
文字書式　　　　　　　テキスト形式

**1** レッスン52を参考に[プロパティシート]を表示

**2** [データ]タブをクリック

**3** 「=Sum([税抜金額])+Sum([消費税額])」と入力

書式　データ　イベント　その他　すべて
書式
小数点以下表示桁数
可視
幅
高さ
上位置
左位置
背景スタイル
背景色
境界線スタイル

日付(標準)
日付(L)
日付(M)
日付(S)
時刻(L)
時刻(M)
時刻(S)
数値
通貨
ユーロ

**4** [書式]タブをクリック

**5** [書式]のここをクリック

**6** [通貨]をクリック

## 8 フォントの大きさを変更する

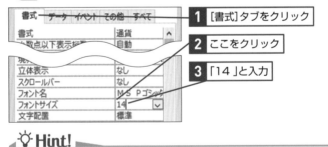

書式　データ　イベント　その他　すべて
書式　　　　　　　　　通貨
小数点以下表示桁数　　自動

立体表示　　　　　　　なし
スクロールバー　　　　なし
フォント名　　　　　　MS Pゴシック
フォントサイズ　　　　14
文字配置　　　　　　　標準

**1** [書式]タブをクリック

**2** ここをクリック

**3** 「14」と入力

### ☀ Hint!
#### Sum関数

Sum関数は、合計を求める関数です。Sum([フィールド名])とすると、レポートに表示されているレコードのフィールドが合計されます。手順7では[税抜金額]フィールドの合計と[消費税額]フィールドの合計をそれぞれ求め、さらに求めた結果を合計して、税込みの金額を算出しました。

# 9 境界線を透明にする

レッスン52の手順5を参考に [詳細セクション] と [レポート
フッター] のラベルとコントロールを選択しておく

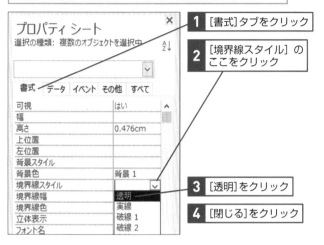

プロパティ シート  ×

選択の種類: 複数のオブジェクトを選択中  A↓Z

[書式] タブをクリック **1**

[境界線スタイル] の
ここをクリック **2**

| 書式 | データ | イベント | その他 | すべて |
|---|---|---|---|---|

| 可視 | はい |
|---|---|
| 幅 | |
| 高さ | 0.476cm |
| 上位置 | |
| 左位置 | |
| 背景スタイル | |
| 背景色 | 背景 1 |
| 境界線スタイル | |
| 境界線幅 | 透明 |
| 境界線色 | 実線 |
| 立体表示 | 破線 1 |
| フォント名 | 破線 2 |

[透明] をクリック **3**

[閉じる] をクリック **4**

# 10 書式をそろえる

レッスン53を参考に罫線などを追加して
[請求書レポート] と書式をそろえる

レッスン48を参考に [税率別金額表示レポート] と
いうレポート名で保存 **1**

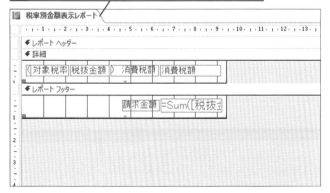

税率別金額表示レポート

・ | ・ 1 ・ | ・ 2 ・ | ・ 3 ・ | ・ 4 ・ | ・ 5 ・ | ・ 6 ・ | ・ 7 ・ | ・ 8 ・ | ・ 9 ・ | ・ 10 ・ | ・ 11 ・ | ・ 12 ・ | ・ 13 ・ |

◆ レポート ヘッダー
◆ 詳細

《 対象税率 税抜金額 》 消費税額 消費税額

◆ レポート フッター

請求金額 =Sum([税抜金

# 請求書に消費税率別の 金額を追加する

サブレポート

📄 練習用ファイル サブレポート.accdb

## 請求書にサブレポートを組み込んで表示する

レッスン54で作成した［税率別金額表示レポート］を、メイン／サブレポートという仕組みを使用して［請求書レポート］に組み込み、請求書を完成させます。サブレポートはメインレポートの中に表示するレポートのことです。組み込む際にリンクするフィールドとして［請求ID］フィールドを指定すると、サブレポートに表示されるレコードが絞り込まれます。メインレポートに［請求ID］が「1」のレコードが表示されている場合、サブレポートにも［請求ID］が「1」のレコードだけが表示されます。それによって、［請求ID］ごとに請求書のデータが正しく表示されるのです。

| No | 商品名 | 数量 | 単位 | 単価 | 金額 |
|----|--------|------|------|------|------|
| 1 | ボディーソープ桜（350ml） | 2 | 個 | ¥800 | ¥1,600 |
| 2 | 玄米ご飯6個パック | 2 | 箱 | ¥1,800 ※ | ¥3,600 |
| 3 | オーガニックコンディショナー桜 | 1 | 個 | ¥800 | ¥800 |
| 4 | 薬用入浴剤エステミント | 1 | 個 | ¥1,500 | ¥1,500 |
| 5 | 炭酸水グリーン（1L×12本） | 2 | 箱 | ¥1,900 ※ | ¥3,800 |
| 6 | フレーバー水桃（500ml×24本） | 1 | 箱 | ¥2,800 ※ | ¥2,800 |
| | | | | 合計 | ¥14,100 |
| | （ 8%対象 ¥10,200 ） 消費税額 | | | | ¥816 |
| | （ 10%対象 ¥3,900 ） 消費税額 | | | | ¥390 |
| | | | | 請求金額 | ¥15,306 |

上記の通りご請求申し上げます。
(注) ※印は軽減税率対象商品です。

消費税率ごとの集計結果が請求書に追加された

# 1 [請求 ID フッター] の高さを変更する

| 練習用ファイルを開いておく | レッスン47を参考に [請求書レポート] をデザインビューで表示しておく |
|---|---|

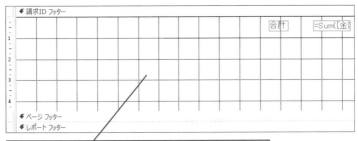

**1** レッスン52を参考に[請求ID フッター]の高さを変更

# 2 コントロールウィザードをオンにする

**1** [デザイン]タブをクリック **2** [コントロール]をクリック

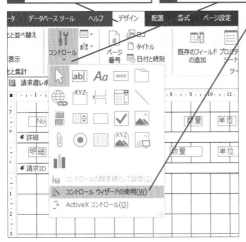

**3** [コントロールウィザードの使用]をクリック

コントロールウィザードがオンになった

次のページに続く

## 3 サブレポートの準備をする

**1** [デザイン] タブを
クリック

**2** [コントロール] を
クリック

**3** [サブフォーム/サブ
レポート]をクリック

マウスポインターの
形が変わった

## 4 サブレポートを追加する

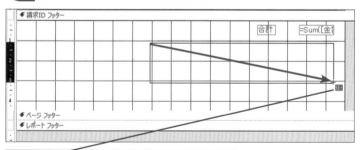

**1** ここをドラッグ | サブレポートが追加された

マウスボタンから指を離すと [サブレポート
ウィザード]の画面が表示される

## 5 サブレポートの内容を設定する

| [サブレポートウィザード] が表示された | **1** [税率別金額表示レポート] をクリック |
|---|---|

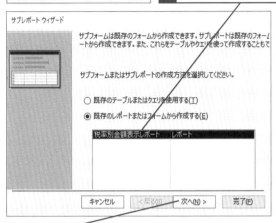

サブレポート ウィザード

サブフォームは既存のフォームから作成できます。サブレポートは既存のフォ-ムーレートから作成できます。また、これらをテーブルやクエリを使って作成することもで

サブフォームまたはサブレポートの作成方法を選択してください。

○ 既存のテーブルまたはクエリを使用する(T)

● 既存のレポートまたはフォームから作成する(E)

| 税率別金額表示レポート | レポート |
|---|---|

キャンセル　＜戻る(B)　次へ(N) >　完了(F)

**2** [次へ]をクリック

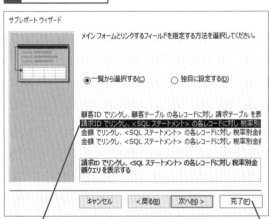

サブレポート ウィザード

メイン フォームとリンクするフィールドを指定する方法を選択してください。

● 一覧から選択する(C)　　○ 独自に設定する(D)

顧客ID でリンクし、顧客テーブル の各レコードに対し 請求テーブル を表
請求ID でリンクし、＜SQL ステートメント＞ の各レコードに対し 税率別
金額 でリンクし、＜SQL ステートメント＞ の各レコードに対し 税率別金
金額 でリンクし、＜SQL ステートメント＞ の各レコードに対し 税率別金

請求ID でリンクし、＜SQL ステートメント＞ の各レコードに対し 税率別金
額クエリを表示する

キャンセル　＜戻る(B)　次へ(N) >　完了(F)

**3** [請求IDでリンクし、＜SQLステートメント＞の各レコードに対し税率別金額クエリを表示する]をクリック

**4** [完了] をクリック

次のページに続く

# 6 ラベルを削除する

サブレポートが追加された

**1** ラベルをクリック

€ 請求ID フッター

税率別金額表示レポート | 合計 | =Sum([金額]

€ レポート ヘッダー
€ 詳細

**2** Delete キーを押す

ラベルが削除された

# 7 サブレポートの境界線を透明にする

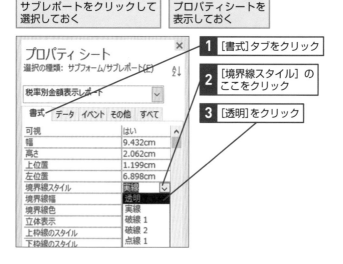

サブレポートをクリックして
選択しておく

プロパティシートを
表示しておく

プロパティ シート

選択の種類: サブフォーム/サブレポート(E)

税率別金額表示レポート

書式 データ イベント その他 すべて

| 可視 | はい |
| 幅 | 9.432cm |
| 高さ | 2.062cm |
| 上位置 | 1.199cm |
| 左位置 | 6.898cm |
| 境界線スタイル | 実線 |
| 境界線幅 | 透明 |
| 境界線色 | 実線 |
| 立体表示 | 破線 1 |
| 上枠線のスタイル | 破線 2 |
| 下枠線のスタイル | 点線 1 |

**1** [書式]タブをクリック

**2** [境界線スタイル] の
ここをクリック

**3** [透明]をクリック

## ✦ Hint!

### 最後に [請求ID] フッターのサイズを調整する

サブレポートやラベル等のコントロールの下に無地の余白があると、請求書
に無駄な空白ができてしまいます。手順8でコントロールの配置が済んだら、
[請求ID] フッターの高さを調整して余分な余白を削除しましょう。

# 8 但し書きを追加する

**1** レッスン53を参考に
ラベルを追加

**2** 「上記の通りご請求申し上げます。
(注) ※印は軽減税率対象商品です。」と
入力

レッスン53を参考に他の
部分と書式をそろえる

---

## ♡ Hint!

### 軽減税率の対象品目を明確にする

2019年10月に消費税の複数税率が導入されたことにより、正式な請求書の記載の方式が変わります。2023年10月に導入される予定の「適格請求書（インボイス）」では、軽減税率の対象品目を明確にする必要があります。本書では、対象品目の単価に「※」印を付け、この印が対象品目である旨をラベルに表示しました。

# 付録1

## 関数でデータを加工するには

クエリに関数を使用すると、データの活用の幅が広がります。文字列の一部を取り出したり、日付を元に計算したりする処理が簡単に行えます。ここでは、文字列や日付を操作する関数のうち、主なものを紹介します。関数の読み方と構文、使用例を一覧で掲載しているので、関数の活用例を確認したいときなどに参考にしてください。

●関数を使った処理の例

| 仕入先コード |
|---|
| CHB-CL-001 |

→

| 部門コード |
|---|
| CL |

文字列の途中にある文字列を抜き出す

| 生年月日 |
|---|
| 1968/05/07 |

→

| 誕生年 |
|---|
| 1968 |

生年月日のデータから「年」のデータを取り出す

●クエリのデザイングリッドで入力する

クエリをデザインビューで表示し、デザイングリッドの[フィールド]行に関数を入力します。レッスン11で解説している演算フィールドと同じ要領で入力します。なお、関数ごとに指定する種類の引数が決まっているため、間違えないように入力しましょう。

半角の「:」(コロン)の前の文字列はクエリの
実行結果のフィールド名になる

フィールドの境界線を右に
ドラッグして広げておく

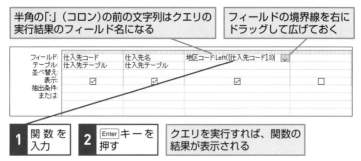

| フィールド: | 仕入先コード | 仕入先名 | 地区コード:Left([仕入先コード],3) | ∨ |
|---|---|---|---|---|
| テーブル: | 仕入先テーブル | 仕入先テーブル | | |
| 並べ替え: | | | | |
| 表示: | ☑ | ☑ | ☑ | ☐ |
| 抽出条件: | | | | |
| または: | | | | |

**1** 関数を入力

**2** Enter キーを押す

クエリを実行すれば、関数の結果が表示される

# ■文字列データを操作する関数

| IIf<br>アイイフ | 条件によって処理を分ける |
|---|---|

**構文** IIf（条件式,真の場合,偽の場合）

**使用例** IIf(Mid([住所],4,1)="県",Left([住所],4),Left([住所],3))

[住所] フィールドの4文字目が「県」であるかどうかを調べ、「県」であるなら [住所] フィールドの先頭から4文字、「県」でないなら先頭から3文字を抜き出す

| 神奈川県横浜市青葉区緑山x-x<br>埼玉県さいたま市西区三橋x-x | → | 神奈川県<br>埼玉県 |
|---|---|---|

| InStr<br>インストリング | 特定の文字を検索する |
|---|---|

**構文** InStr（開始位置,文字列,検索文字列,比較モード）

**使用例** Left([担当者名],InStr([担当者名],"□")-1)

[担当者名]フィールドで空白が左側から数えて何文字目にあるかを調べて、[担当者名] の先頭から空白の手前までを取り出す（引数 [開始位置] [比較モード] は省略可）

三井 聡  → 三井

| Left<br>レフト | 文字列の先頭から指定した文字数分の文字を抜き出す |
|---|---|

**構文** Left(文字列,文字数)

**使用例** Left([仕入先コード],3)

[仕入先コード] フィールドの左側から3文字目までを抜き出す

CHB-EL-001  → CHB

● 関連する関数

Right(文字列,文字数) …文字列の末尾から指定した文字数分の文字を抜き出す
レン
Len(文字列) …………………文字列の文字数を調べる

次のページに続く

## Mid ミッド   文字列から指定した文字数分の文字を抜き出す

構 文   Mid（文字列,開始位置,文字数）

使用例   Mid([仕入先コード],5,2)

［仕入先コード］フィールドの左側から5文字目を起点にして2文字分を抜き出す（引数［文字数］は省略可）

| CHB-EL-001 | → | EL |

## Replace リプレイス   文字列をほかの文字列に置き換える

構 文   Replace（文字列,検索文字列,置換文字列,開始位置,置換回数,比較モード）

使用例   Replace([仕入先名],"株式会社","（株）")

［仕入先名］フィールドにある「株式会社」の文字列を「（株）」に置換する（引数［開始位置］、［置換回数］、［比較モード］は省略可）

| 中村電気株式会社 | → | 中村電気（株） |

## StrConv ストリングコンバート   文字種を変換する

構 文   StrConv(文字列,変換形式)

● 引数［変換形式］に設定する値

1........アルファベットを大文字に変換
2........アルファベットを小文字に変換
3........単語の先頭を大文字に変換
4........半角文字を全角文字に変換

8.....全角文字を半角文字に変換
16.....ひらがなをカタカナに変換
32.....カタカナをひらがなに変換

使用例   StrConv([タントウシャメイ],4)

［タントウシャメイ］フィールドを半角文字から全角文字に変換する

| ﾐﾂｲ ｻﾄｼ |  | ミツイ　サトシ |

| Trim <br> トリム | 文字列の前後にある空白を取り除く |
|---|---|

| 構　文 | Trim（文字列） |
|---|---|

| 使用例 | Trim([備考]) |
|---|---|

[備考] フィールドの文字列の先頭と末尾から空白を削除する

衣料品　　　　 ➔ 衣料品

● 関連する関数

LTrim(文字列) .... 文字列の先頭の空白のみ取り除く <br> （エルトリム）
RTrim(文字列) ... 文字列の末尾の空白のみ取り除く <br> （アールトリム）

| Val <br> ヴァル | 数字を数値に変換する |
|---|---|

| 構　文 | Val（文字列） |
|---|---|

| 使用例 | Val([種別コード]) |
|---|---|

テキスト型のフィールドである [種別コード] を数値型のフィールドに変換する。文字列の数字を数値に変換して並べ替えを行えるようにする

## ·֦· Hint!

### 文字列関数で使う主な引数の入力例

関数ごとに指定する種類の引数が決まっています。文字列を操作する関数の引数には、主に文字列データか、数値データを指定します。文字列データの代わりにテキスト型のフィールド名を指定したり、数値データの代わりに数値型のフィールド名を指定したりしても構いません。フィールド名、文字列、数値は、それぞれ下表の決まりに従って入力します。

### ●主な引数の入力例

| 引数 | 入力例 |
|---|---|
| フィールド名 | [ 顧客名 ] |
| 数値 | 12 |
| 文字列 | "Access" |

次のページに続く

## ■日付や数値を操作する関数

| デイトアッド **DateAdd** | 日付を加減算する |
| --- | --- |

構 文　DateAdd（単位,時間,日時）

使用例　DateAdd("m",-1,[講演日])

[講演日] フィールドから月を抜き出して1を引き、1カ月前の日付を表示する

2016/04/10 ➔ 2016/03/10

| デイトディフ **DateDiff** | 2つの日時の間隔を計算する |
| --- | --- |

構 文　DateDiff（単位,日時1,日時2,週の最初の曜日,年の最初の週）

使用例　IIf(Format([生 年 月 日],"mm/dd") > Format(Date(),"mm/dd"),DateDiff("yyyy",[生年月日],Date())-1,DateDiff("yyyy",[生年月日],Date()))

[生年月日] フィールドと本日の日付をFormat関数で「mm/dd」形式にして比較し、[生年月日] の方が大きいなら [生年月日] と本日の「年」の間隔から1を引いた値を、そうでないなら [生年月日] と本日の「年」の間隔の値を求めて、年齢を表示する。本日の日付は、DATE関数で求める（引数 [週の最初の曜日] [年の最初の週] は省略可）

1978/05/19 ➔ 38

| デイトパート **DatePart** | 日付から指定した単位の情報を求める |
| --- | --- |

構 文　DatePart（単位,日時,週の最初の曜日,年の最初の週）

使用例　DatePart("q",[受注日])

[受注日] フィールドから四半期の情報を取り出して表示する（引数 [週の最初の曜日] [年の最初の週] は省略可）

| 2016/03/14 | | 1 |
| 2016/04/01 | ➔ | 2 |

## DateSerial　3つの数値から日付データを作成する

デイトシリアル

**構　文**　DateSerial（年,月,日）

**使用例**　DateSerial(Year([講演日]),Month([講演日])+1,0)

[講演日] フィールドから「年」と「月」をYear関数とMonth関数で抜き出し、「月」に1を足して翌月とし、「日」に0を指定して講演月の月末日を表示する

| 2016/04/10 | → | 2016/04/30 |

## DAvg　データから平均値を集計する

ディーアベレージ

**構　文**　DAvg（フィールド名,テーブル名かクエリ名,条件式）

**使用例**　DAvg("受講料","講演会テーブル")

[講演会テーブル] の [受講料] フィールドから平均値を求める（引数 [条件式] は省略可）。DAvg関数の結果は、クエリの抽出条件に利用できる

## DCount　フィールドのデータ数を数える

ディーカウント

**構　文**　DCount（フィールド名,テーブル名かクエリ名,条件式）

**使用例**　DCount("得点","成績テーブル","得点>"&[得点])+1

[成績テーブル] のレコードのうち、現在のレコードより大きいレコードをカウントして1を足す。[得点]フィールドの降順に並べ替えたクエリで、[得点] の値の大きい順に順位を表示できる

## DSum　データの合計を求める

ディーサム

**構　文**　DSum（フィールド名,テーブル名かクエリ名,条件式）

**使用例**　DSum("申込数","講演会テーブル","ID<="&[ID])

現在のレコードまでのすべてのレコードの [申込数] フィールドの合計を表示する。[ID] フィールドの昇順に並べ替えたクエリで、[申込数] の値の累計を表示できる

次のページに続く

## 数値や日付の書式を設定する

| 構文 | Format（データ,書式,週の最初の曜日,年の最初の週）

### ● 日付／時刻型の主な書式指定文字

dd............. 日付を2けたで表示する
ddd .......... 曜日を英語3文字の省略形で表示する
dddd........ 曜日を英語で表示する
aaa .......... 曜日を漢字1文字で表示する
aaaa........ 曜日を漢字3文字で表示する
mm .......... 月を2けたで表示する
mmm...... 月を英語3文字の省略形で表示する
mmmm... 月を英語で表示する
q .............. 四半期のどれに属するかを表示する

ggg...年号を漢字で表示する
ee......和暦を2けたで表示する
yy ......西暦を下2けたで表示する
yyyy..西暦を4けたで表示する
hh......時間を2けたで表示する
nn......分を2けたで表示する
ss......秒を2けたで表示する
: ........時刻の区切り記号を表示する
/........日付の区切り記号を表示する

| 使用例 | Format([講演日],"yy")&Format([ID],"000")

［講演日］フィールドを「yy」形式に変換した値と、［ID］フィールドを
3けたに変換した値を連結する。「000」は、IDが3けたに満たないとき、
先頭に「0」を補って表示する数値の書式指定文字（引数［週の最初の曜
日］、［年の最初の週］は省略可）

| 3 | 海外で余生を送る | 中曽根 健二 | 2016/04/10 |
| 4 | ビジネストークの鍵 | 南 将太 | 2016/04/21 |
| 5 | 芸能界裏話 | 松原 ゆきえ | 2016/05/06 |

| 16003 |
| 16004 |
| 16005 |

## 小数点以下を切り捨てる

| 構文 | Int（数値）

| 使用例 | Int([受講料]/3+0.5)

［受講料］フィールドを3で割り、0.5足した値の整数部分を取り出す

| ¥2,000 |  | 667 |

## Nz （エヌゼット）　Null値を指定した値に置き換える

| 構 文 | Nz （式,変換値） |

| 使用例 | [申込数]-Nz([キャンセル数],0) |

[キャンセル数] フィールドにデータが入力されている場合はその値を、入力されていない場合は「0」に置き換えて、[申込数] から引く（引数 [変換値] は省略可）

## Year （イヤー）　日付から「年」を求める

| 構 文 | Year （日付） |

| 使用例 | Year([生年月日]) |

[生年月日] フィールドから「年」を抜き出して表示する

| 1978/05/19 | ➜ | 1978 |

● **関連する関数**

Month（マ ン ス）(日付)... 日付から「月」を求める
Day（デ イ）(日付)......... 日付から「日」を求める

## ☼ Hint!
### 引数 [単位] に共通の設定値

DatePart関数、DateAdd関数、DateDiff関数の引数 [単位] には、共通の設定値を利用します。

### ●引数 [単位] の主な設定値

| 設定値 | 設定内容 |
|---|---|
| yyyy | 年 |
| q | 四半期 |
| y | 月 |
| m | 年間通算日 |
| d | 日 |

| 設定値 | 設定内容 |
|---|---|
| w | 週日 |
| ww | 週 |
| h | 時 |
| n | 分 |
| s | 秒 |

# 付録2

# Excelのデータを取り込むには

📄 **練習用ファイル** スプレッドシートインポートウィザード.accdb

Excelで作成したデータは、Accessにインポートしてテーブルとして利用できます。Accessに取り込むことでExcelに比べて多くのデータが管理できるようになります。Excelでは扱いにくくなった表をAccessへ移行したり、Excelで作成された各担当者からの報告をAccessのテーブルにまとめたりするほか、分析や集計用に利用するといった使用方法があります。Accessのクエリを使えば、Excelのデータをいろいろな角度から自由に分析、加工でき、データを大いに活用できます。

> フィールド名やデータ型を指定して、ExcelのデータをAccessに取り込める

**244** できる

## 1 [外部データの取り込みウィザード]を起動する

ここでは、ExcelファイルをAccessの
テーブルとしてインポートする

**1** [外部データ] タブ
をクリック

**2** [新しいデータソース] を
クリック

**3** [ファイルから] を
クリック

**4** [Excel] を
クリック

## 2 インポートするExcelファイルを選択する

[外部データの取り込みウィザード]
が起動した

インポートするExcelファイルの
場所を指定する

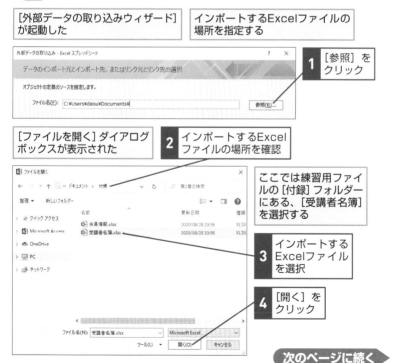

**1** [参照] を
クリック

[ファイルを開く] ダイアログ
ボックスが表示された

**2** インポートするExcel
ファイルの場所を確認

ここでは練習用ファイ
ルの [付録] フォルダー
にある、[受講者名簿]
を選択する

**3** インポートする
Excelファイル
を選択

**4** [開く] を
クリック

次のページに続く

## 3 インポートするExcelファイルが選択された

インポートするExcel
ファイルが表示された

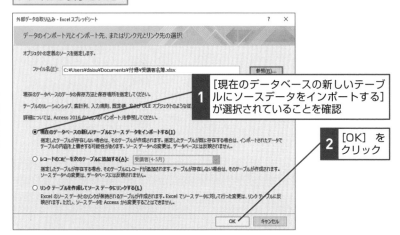

**1** [現在のデータベースの新しいテーブルにソースデータをインポートする]が選択されていることを確認

**2** [OK] をクリック

## 4 インポートするワークシートを選択する

[スプレッドシートインポートウィザード]が表示された

Excelファイルにワークシートが1つだけのときは手順5に進む

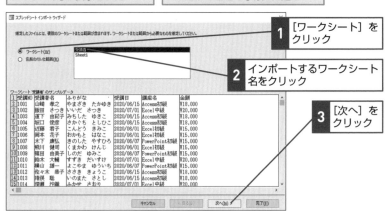

**1** [ワークシート] をクリック

**2** インポートするワークシート名をクリック

**3** [次へ] をクリック

## -☆- Hint!
### 名前の付いた範囲だけを取り込むこともできる

手順4で［名前の付いた範囲］を選択すると、Excelでセル範囲に設定した名前が表示されます。その名前を選択すれば、名前の付いたセル範囲だけをインポートできます。表全体ではなく一部のセル範囲をインポートする場合や、ワークシートの1行目にタイトルなどの文字列があり、2行目以降から表が作成されている場合は、あらかじめExcelでセル範囲に名前を付けておくとスムーズにインポートできます。

## -☆- Hint!
### ワークシートに見出しがないときは

Excelの表の先頭行にフィールドとなる見出しがない場合は、手順6の［フィールド名］の欄にフィールド名を入力します。入力を省略した場合は、「フィールド1」「フィールド2」……というフィールド名が付きます。ここでフィールド名を指定しなくても、インポート後、テーブルのデザインビューで変更が可能です。

| 見出しのないワークシートにフィールド名を追加する | 手順6の画面を表示しておく |
| --- | --- |

**1** ここをクリック

**2** フィールド名を入力

| 同様にほかのフィールドのフィールド名も変更できる |
| --- |

次のページに続く

## 5 先頭行をフィールド名に指定する

インメポートするワークシートが
選択された

1 [先頭行をフィールド名として使う]にチェック
マークが付いていることを確認

2 [次へ]を
クリック

## 6 フィールド名を確認する

先頭行にフィールド名が
指定された

フィールド名やデータ型
などを設定できる

ここでは特に
設定しない

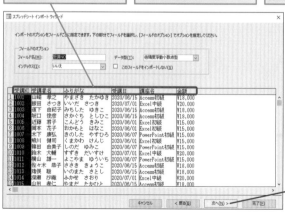

1 [次へ]を
クリック

付
録

# 7 主キーを設定する

| 主キーの設定画面が表示された | ここでは、[受講NO] フィールドを主キーに設定する |
| --- | --- |

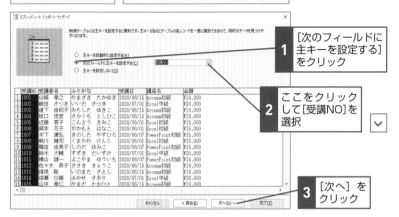

1 [次のフィールドに主キーを設定する] をクリック

2 ここをクリックして[受講NO]を選択

3 [次へ] をクリック

# 8 テーブル名を確認する

主キーが[受講NO]フィールドに設定された

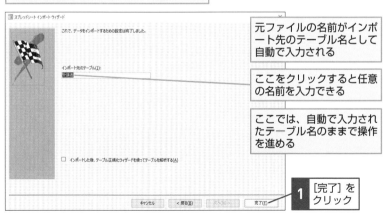

元ファイルの名前がインポート先のテーブル名として自動で入力される

ここをクリックすると任意の名前を入力できる

ここでは、自動で入力されたテーブル名のままで操作を進める

1 [完了] をクリック

次のページに続く

付録

# 9 インポートを完了する

| インポートが完了し、[インポート操作の保存]の画面が表示された | オブジェクトがインポートされたのでウィザードを終了する |
|---|---|

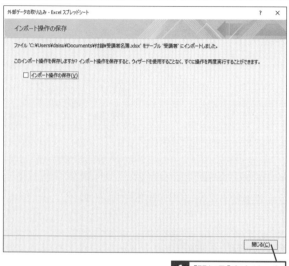

外部データの取り込み - Excel スプレッドシート　　　　　　　　　　　　? ×

インポート操作の保存

ファイル 'C:¥Users¥daisu¥Documents¥付録¥受講者名簿.xlsx' をテーブル '受講者' にインポートしました。

このインポート操作を保存しますか? インポート操作を保存すると、ウィザードを使用することなく、すぐに操作を再度実行することができます。

☐ インポート操作の保存(V)

閉じる(C)

**1** [閉じる]をクリック

# 10 インポート結果を確認する

| インポートが完了した | インポートしたテーブルが追加された |
|---|---|

**1** [受講者]をダブルクリック

データを確認して[閉じる]をクリックする

| 受講者NO | 受講者名 | ふりがな | 受講日 | 講座名 | 金額 | クリックして追加 |
|---|---|---|---|---|---|---|
| 1001 | 山崎 孝之 | やまざき たか | 2020/06/15 | Access初級 | ¥18,000 | |
| 1002 | 飯田 さつき | いいだ さつき | 2020/07/01 | Excel中級 | ¥20,000 | |
| 1003 | 道下 由紀子 | みちした ゆき | 2020/06/15 | Access初級 | ¥18,000 | |
| 1004 | 坂口 俊従 | さかぐち としこ | 2020/06/15 | Excel初級 | ¥18,000 | |
| 1005 | 近藤 君子 | こんどう きみこ | 2020/06/01 | Excel初級 | ¥15,000 | |
| 1006 | 岡本 花子 | おかもと はなこ | 2020/06/01 | Excel中級 | ¥15,000 | |
| 1007 | 木下 康弘 | きのした やす | 2020/06/07 | PowerPoint初 | ¥15,000 | |
| 1008 | 飛川 健司 | くまかわ けん | 2020/06/01 | Excel初級 | ¥15,000 | |
| 1009 | 蒲田 由美子 | しのだ ゆみこ | 2020/06/07 | PowerPoint初 | ¥15,000 | |
| 1010 | 鈴木 大輔 | すずき だいす | 2020/07/01 | Excel中級 | ¥20,000 | |

付録

# Q 索引

索引

索引

# できるサポートのご案内

無料サービス

本書の記載内容について、無料で質問を受け付けております。受付方法は、電話、FAX、ホームページ、封書の4つです。なお、A.～D.はサポートの範囲外となります。あらかじめご了承ください。

## 受付時に確認させていただく内容

① **書籍名・ページ**
『できるポケット Access クエリ+レポート
基本&活用マスターブック
2019/2016/2013 & Microsoft 365対応』

② **書籍サポート番号→501111**
※本書の裏表紙（カバー）に記載されています。

③ **お客さまのお名前**

④ **お客さまの電話番号**

⑤ **質問内容**

⑥ **ご利用のパソコンメーカー、
機種名、使用OS**

⑦ **ご住所**

⑧ **FAX番号**

⑨ **メールアドレス**

## サポート範囲外のケース

**A. 書籍の内容以外のご質問**（書籍に記載されていない手順や操作については回答できない場合があります）

**B. 対象外書籍のご質問**（裏表紙に書籍サポート番号がないできるシリーズ書籍は、サポートの範囲外です）

**C. ハードウェアやソフトウェアの不具合に関するご質問**（お客さまがお使いのパソコンやソフトウェア自体の不具合に関しては、適切な回答ができない場合があります）

**D. インターネットやメール接続に関するご質問**（パソコンをインターネットに接続するための機器設定やメールの設定に関しては、ご利用のプロバイダーや接続事業者にお問い合わせください）

## 問い合わせ方法

### 電話 （受付時間：月曜日～金曜日 ※土日祝休み 午前10時～午後6時まで）

**0570-000-078**

電話では、上記①～⑤の情報をお伺いします。なお、通話料はお客さま負担となります。対応品質向上のため、通話を録音させていただくことをご了承ください。一部の携帯電話やIP電話からはご利用いただけません。

### FAX （受付時間：24時間）

**0570-000-079**

A4サイズの用紙に上記①～⑧までの情報を記入して送信してください。質問の内容によっては、折り返しオペレーターからご連絡をする場合もあります。

### インターネットサポート （受付時間：24時間）

**https://book.impress.co.jp/support/dekiru/**

上記のURLにアクセスし、専用のフォームに質問事項をご記入ください。

### 封書

〒101-0051
**東京都千代田区神田神保町一丁目105番地
　　株式会社インプレス
　　できるサポート質問受付係**

封書の場合、上記①～⑦までの情報を記載してください。なお、封書の場合は郵便事情により、回答に数日かかる場合もあります。

■著者
国本温子（くにもと　あつこ）

テクニカルライター、企業内でワープロ、パソコンなどのOA教育担当後、OfficeやVB、VBAなどのインストラクターや実務経験を経て、フリーのITライターとして書籍の執筆を中心に活動中。主な著書に『できる逆引き　Excel VBAを極める勝ちワザ700 2016/2013/2010/2007対応』『できる大事典　Excel VBA　2019/2016/2013 &Microsoft 365』（共著：インプレス）などがある。
●著者ホームページ
http://www.office-kunimoto.com

きたみ あきこ

東京都生まれ、神奈川県在住。テクニカルライター。お茶の水女子大学理学部化学科卒。大学在学中に、分子構造の解析を通してプログラミングと出会う。プログラマー、パソコンインストラクターを経て、現在はコンピューター関係の雑誌や書籍の執筆を中心に活動中。近著に『できるExcelパーフェクトブック　困った！＆便利ワザ大全　Office 365/2019/2016/2013/2010対応』『できる　イラストで学ぶ　入社1年目からのExcel VBA』（以上、インプレス）などがある。
●Office kitami ホームページ
http://www.office-kitami.com

**STAFF**

| | |
|---|---|
| カバーデザイン | 伊藤忠インタラクティブ株式会社 |
| 本文フォーマット | 株式会社ドリームデザイン |
| カバーモデル写真 | PIXTA |
| 本文イラスト | 松原ふみこ・福地祐子 |
| DTP制作 | 町田有美・田中麻衣子 |
| | |
| 編集制作 | トップスタジオ |
| | |
| デザイン制作室 | 今津幸弘 <imazu@impress.co.jp> |
| | 鈴木　薫 <suzu-kao@impress.co.jp> |
| 制作担当デスク | 柏倉真理子 <kasiwa-m@impress.co.jp> |
| | |
| デスク | 荻上　徹 <ogiue@impress.co.jp> |
| 編集長 | 藤原泰之 <fujiwara@impress.co.jp> |

本書は、できるサポート対応書籍です。本書の内容に関するご質問は、254ページに記載しております「できるサポートのご案内」をお読みのうえ、お問い合わせください。なお、本書発行後に仕様が変更されたハードウェア、ソフトウェア、インターネット上のサービスの内容などに関するご質問にはお答えできない場合があります。該当書籍の奥付に記載されている初版発行日から3年が経過した場合、もしくは該当書籍で紹介している製品やサービスについて提供会社によるサポートが終了した場合は、ご質問にお答えしかねる場合があります。また、以下のご質問にはお答えできませんのでご了承ください。
・書籍に掲載している手順以外のご質問
・ハードウェアやソフトウェアの不具合に関するご質問
・インターネット上のサービス内容に関するご質問
本書の利用によって生じる直接的または間接的被害について、著者ならびに弊社では一切の責任を負いかねます。あらかじめご了承ください。

**■落丁・乱丁本などの問い合わせ先**
TEL 03-6837-5016 FAX 03-6837-5023
service@impress.co.jp
受付時間 10:00 〜 12:00 ／ 13:00 〜 17:30
　　　　（土日・祝祭日を除く）
●古書店で購入されたものについてはお取り替えできません。

**■書店／販売店の窓口**
株式会社インプレス 受注センター
TEL 048-449-8040 FAX 048-449-8041

株式会社インプレス 出版営業部
TEL 03-6837-4635

**できるポケット**

# Access クエリ+レポート 基本&活用マスターブック
## 2019/2016/2013 & Microsoft 365対応

2021年4月1日　初版発行

著　者　国本温子・きたみあきこ&できるシリーズ編集部

発行人　小川 亨

編集人　高橋隆志

発行所　株式会社インプレス
　　　　〒101-0051　東京都千代田区神田神保町一丁目105番地
　　　　ホームページ　https://book.impress.co.jp/

印刷所　図書印刷株式会社
ISBN978-4-295-01111-8 C3055

Printed in Japan